博尔塔拉蒙古自治州耕地

刘新兰　李俊杰　李永福　主编

中国农业科学技术出版社

图书在版编目(CIP)数据

博尔塔拉蒙古自治州耕地／刘新兰，李俊杰，李永福主编. --北京：中国农业科学技术出版社，2022. 8

ISBN 978-7-5116-5826-5

Ⅰ. ①博…　Ⅱ. ①刘…②李…③李…　Ⅲ. ①耕作土壤-土壤肥力-土壤调查-博尔塔拉蒙古自治州②耕作土壤-土壤评价-博尔塔拉蒙古自治州　Ⅳ. ①S159. 245. 2②S158. 2

中国版本图书馆 CIP 数据核字(2022)第 131814 号

责任编辑　张国锋
责任校对　李向荣
责任印制　姜义伟　王思文

出 版 者　中国农业科学技术出版社
北京市中关村南大街 12 号　　邮编：100081
电　　话　(010) 82106625 (编辑室)　　(010) 82109702 (发行部)
(010) 82109709 (读者服务部)
网　　址　http://www.castp.cn
经 销 者　各地新华书店
印 刷 者　北京建宏印刷有限公司
开　　本　185 mm×260 mm　1/16
印　　张　11. 5
字　　数　294 千字
版　　次　2022 年 8 月第 1 版　2022 年 8 月第 1 次印刷
定　　价　120. 00 元

《博尔塔拉蒙古自治州耕地》

编　委　会

主　　编： 刘新兰　李俊杰　李永福

副 主 编： 李少强　张玉霞　韩咏香　李青军　葛国庆

车　磊

编写人员：

汤明尧　宋鹏飞　陈署晃　耿庆龙　赖　宁

艾尼瓦尔　热不哈提·艾合买提　艾力合木·巴克

赵　斌　刘　娜　毛国锋　美力更　阿曼古丽·艾孜子

闫翠侠　李　霞　阿曼古丽·米吉提　黎玉兰

李　潇　邓文强　王　珊　董秀丽　闫靖华

巴哈提古丽·吐斯买买提　杨玉珍　刘　婷

阿米娜·艾莎　高　谊　孟　潇　刘　可

宋　萍　信会男　李　娜　吕彩霞　段婧婧

任　静　王　蕾　严　晶　刘新兰　李俊杰

李永福　李少强　张玉霞　韩咏香　李青军

葛国庆　车　磊

前　　言

为落实“藏粮于地、藏粮于技”战略，按照耕地质量等级调查评价总体工作安排部署，全面掌握博尔塔拉蒙古自治州（以下简称博州）耕地质量状况，查清影响耕地生产的主要障碍因素，提出加强耕地质量保护与提升的对策措施与建议，2018—2020 年，博州农业技术推广中心依据《耕地质量调查监测与评价办法》，首次应用《耕地质量等级》（GB/T 33469—2016），组织开展了博州耕地质量区域评价工作。

在总结前期博州 3 个县域耕地地力评价工作基础上，博州农业技术推广中心组织编写了《博尔塔拉蒙古自治州耕地》一书。全书分为六章：第一章博尔塔拉蒙古自治州概况。介绍了区域地理位置、行政区划、社会经济人口情况、气候条件、地形地貌、植被分布、水文条件、成土母质等自然环境条件，区域种植结构、产量水平、施肥情况、灌溉情况、机械化应用等农业生产情况。第二章耕地土壤类型。对博州面积较大的半水成土、干旱土、漠土等土纲的潮土、棕钙土、灰漠土、草甸土等 4 个土类、11 个亚类进行了重点描述。第三章耕地质量评价方法与步骤。系统地对区域耕地质量评价的每个技术环节进行了详细介绍，具体包括资料收集与整理、评价指标体系建立、数据库建立、耕地质量等级评价方法、专题图件编制方法等内容。第四章耕地质量等级分析。详细阐述了博州各等级耕地面积及分布、主要属性及存在的障碍因素，提出了有针对性的对策与建议。第五章耕地土壤有机质及主要营养元素。重点分析了土壤有机质、全氮、碱解氮、有效磷、速效钾、缓效钾、有效铁、有效铜、有效锌、有效锰、有效硫、有效硅、有效钼、有效硼 14 个耕地质量主要性状指标及变化趋势。第六章其他指标。详细阐述了土壤 pH 值、灌溉排水能力、有效土层厚度、剖面土体构型、障碍因素、林网化程度、盐渍化程度等指标分布情况。

本书编写过程中得到了新疆维吾尔自治区土壤肥料工作站、博州农业农村局领导的大力支持。博州农业技术推广中心、博州 3 个县（市）的农业技术推广中心（站）参与了数据资料收集整理与分析工作，新疆农业科学院土壤肥料和农业节水研究所承担了数据汇总、专题图制作工作，在此一并表示感谢！

由于编者水平有限，书中不足之处在所难免，敬请广大读者批评指正。

编　者

2021 年 8 月

目　录

第一章

博尔塔拉蒙古自治州概况

第一节　地理位置与区划

一、地理位置

博尔塔拉蒙古自治州（全书简称博州）地处亚欧大陆腹地，位于新疆维吾尔自治区西北部，准噶尔盆地西端，地理位置东经79°53′~83°53′，北纬44°02′~45°23′。北部和西部以阿拉套山和别珍套山西段山脊与哈萨克斯坦的阿拉木图州为界，边境线全长372 km。东北部与塔城地区的乌苏市、托里县相接，南部与伊犁哈萨克自治州的尼勒克县、伊宁市、霍城县相邻。博州首府所在地博乐市东距新疆维吾尔自治区首府乌鲁木齐市524 km，西距伊犁哈萨克自治州首府伊宁市219 km，北距中哈边界的阿拉山口居住区76 km（以上均为公路里程）。博州地域东西长315 km，南北宽125 km，总面积2. 7万km^2，约占新疆维吾尔自治区总面积的1. 7%。

二、行政区划

博州下辖2个县级市及2个县，分别是博乐市、阿拉山口市、精河县、温泉县。博州人民政府驻博乐市。

三、经济社会与人口情况

截至2020年底，博尔塔拉蒙古自治州总人口（常住户口人口数）48. 82万人。博尔塔拉蒙古自治州地区生产总值348. 77亿元，增长5. 67%。其中，第一产业产值66. 17亿元，增长2. 83%，占地区生产总值的18. 97%；第二产业产值112. 0亿元，增长12. 87%，占地区生产总值的32. 11%；第三产业产值170. 6亿元，增长2. 49%，占地区生产总值的48. 92%。

第二节　自然环境概况

一、气候条件

博州远离海洋，属北温带大陆性干旱气候。主要特点是气温日、年较差大，夏季炎热，冬季寒冷；春季气温回升快且不稳定，秋季降温迅速；降水稀少、分布不均，蒸发量大，空气干燥，光照充足；夏季多雷阵雨和冰雹，春秋季多大风，冬季多连阴雾。自治州境内的年平均气温随海拔的升高而降低，海拔每上升 100 m，年均气温下降 0.3~0.4 ℃。由于地势是西高东低，因而年均气温由东向西逐渐降低。博州日照充足，太阳总辐射年均 5 390~5 700 MJ/m^2。艾比湖盆地因地势低，云量和风沙较多，年太阳辐射总量在 5 400 MJ/m^2；博尔塔拉河谷地势稍高，云量、风沙较少，年太阳辐射总量在 5 760 MJ/m^2。博州年均降水量为 90~500 mm。根据地形、地貌不同所引起的生物气候条件之差异明显的特点，可以划分为山区、博尔塔拉河谷平原区及艾比湖盆地区 3 种气候类型。

1. 山区

该区总的趋势是随着海拔高度的升高气温明显降低，降水显著增加，在海拔 1 200~2 500 m 处，气候温凉，春秋季不分明，年平均气温 0~3 ℃，年平均降水量 200~400 mm。海拔 1 500~2 500 m 处，冬季形成逆温层，比平原地区的气温高 3~6 ℃，海拔 2 500~3 500 m，气候明显变冷，基本无夏季，3 500 m 以上为终年积雪的高寒山区。

2. 博尔塔拉河谷平原区

该区年均降水量 150~200 mm，是博州平原地区降水量较多的地段，年均蒸发量 1 553~1 562 mm，年平均气温 3.7~5.8 ℃，干燥度 3.5~6.5，日照时数 2 800~2 870 h，≥10 ℃的积温 2 400~3 500 ℃，无霜期 138~170 d，该区光照充足、气候温暖、降水较多，冬季有积雪，积雪厚度小于 5 cm 的年份仅占 17%，是博州耕作土壤的主要分布区，但夏季有冰雹和大风，是农业的主要灾害性天气，该区域海拔 530 m 以上有效积温少、无霜期短，不适宜种植棉花。

3. 艾比湖盆地区

该区属于温带干旱荒漠，夏季炎热少雨，冬季寒冷少雪，春季多大风和风沙天气、气候干燥，年平均气温 7 ℃左右，年平均降水不超过 100 mm，年均蒸发量均在 1 600 mm 左右，干燥度 8~10，无霜期 174 d。≥10 ℃的积温 3 500~3 959 ℃，全年大风日数 30 d 以上，日照时数 2 700 h，适宜种植各种粮食作物和棉花瓜果等经济作物，但其干旱多大风的典型大陆性气候是形成本区大面积盐土和风沙土的重要因素。

土壤冻结时间长，冻层深（表 1-1）是博州气候的一大特点。这对土壤有机质的积累与分解、土壤水分运行的方向和速度等方面，均有重大影响。

表 1-1　最大冻土深度及 10~30 cm 年均冻结、解冻日期

地点	最大冻土深度（cm）	冻结日期		解冻日期	
		10 cm	30 cm	10 cm	30 cm
阿拉山口市	188	12月2日	12月12日	3月11日	3月14日
温泉县	241	11月11日	11月22日	3月21日	3月24日
精河县	172	11月20日	11月30日	3月18日	3月22日
博乐市	137	11月24日	12月5日	3月14日	3月19日

二、地形地貌

博州位于新疆维吾尔自治区西北部，地处欧亚大陆腹地，西、北、南 3 面环山，中间是谷地平原，西部较窄，东部开阔，整个地形由南、北、西逐渐向中、东部倾斜，并似喇叭状逐渐开阔。阿拉套山西端的厄尔格图尔格山，海拔高度 4 569 m，是全州最高点。东北部的艾比湖，海拔仅 189 m，是全州最低处。地貌特征大致由南北两侧山地、中部博尔塔拉谷地和东部艾比湖盆地这 3 个较大的地貌单元组成。

1. 两侧山地

博尔塔拉谷地北侧为阿拉套山，其东端最高处海拔 2 000 多米，向西渐次增至 4 000 多米；南侧东部为汗吉尕山，该山由西向东，海拔自 400 多米上升到 2 000 多米；南侧西部为别珍套山，该山由东端的 3 000 多米逐渐过渡到西端的 4 000 多米，博尔塔拉河即发源于阿拉套山与别珍套山的汇合处。

艾比湖盆地东北部为麻依拉山，海拔在 2 000m 左右；南侧为婆罗科努山及其支脉，海拔自精河黑山头的 300 m 渐次升至 3 500 m 以上。

在海拔 2 800~ 3 500 m 生长着高山草甸植被，在 2 400（2 700）~2 800（3 000）m，生长着亚高山草甸植被，是博州的夏季高山牧场。3 500（3 600）m 以上则为高山寒漠和现代冰川及永久积雪。

在海拔 1 200~2 500 m 的中山带，基本属草原，多形成山地栗钙土和黑钙土；在阴坡则发育有岛片状的灰褐土，为博州优良的冬夏牧场和林业基地。海拔 400~1 200 m 的中低山相对干旱，主要发育着山地棕钙土，是博州的春秋牧场。

2. 博尔塔拉谷地

划分为由洪积扇群组成的山前洪积倾斜平原和博尔塔拉河中游的冲击阶地两个地貌单元。

山前洪积倾斜平原地形较为开阔，随着海拔自东部 400 ~ 600 m 渐次上升到西部的 2 000 多米逐渐由荒漠草原过渡到干草原，相应地发育着灰漠土、棕钙土和栗钙土。

组成山前洪积倾斜平原的各较大洪积扇，又可细分为上、中、下 3 部分。在洪积扇上、中部，坡度大，质地粗，几乎全部为薄层砾质土，坡面发育弱，多为春秋牧场。至洪积扇中下部，土层逐渐增厚，质地变细，气候温暖的温泉县城以东已开辟为农田，发育着灌耕灰漠土、灌耕棕钙土和熟化程度相当高的灰漠土、黄灌耕土及棕钙土、黄灌耕土。北部东段的保尔德和哈拉吐鲁克两个较大的洪积扇发育最为完整，在扇缘有泉溢出，发育有草甸土和沼泽土，且多有不同程度的盐化，在温泉县城西部，谷地变窄，山前洪积扇发育极不完整，基本无细土母质，发育着淡栗钙土和栗钙土。

在博乐城北的保尔德山前洪积扇扇缘带下部长约 35 km，宽为 3 ~ 5 km 的地段，堆积着深厚的黄土，最大厚度达 50 ~ 200 m，东段受水腐蚀切割雕刻较严重，其上发育着盐化灰漠土，西段较为平缓，已多开辟为农田。

博尔塔拉河中游冲积阶地以北最宽处 3 ~ 5 km，自温泉县的昆屯仑向东延绵 80 km，一级阶地不甚发育，也很不完整，但二级阶地发育较好，地面较为开阔而平坦，土层深厚，质地适中，早已开辟为农田，由于侵蚀基准面下降，博尔塔拉河中段河床下切达 5 m 以上，成了排泄两侧地下水的天然通道，因而两侧阶地的水文地质条件甚为良好，二级阶地上除局部低洼处外，大多早已脱离地下水影响，因此，除在一级阶地及其下的河漫滩里以及二级阶地的低洼地段，有面积不大的草甸土、沼泽土和潮土发育外，在平坦开阔的二级阶地上则主要发有着熟化程度较高的脱潮型黄灌耕土。

3. 艾比湖盆地

艾比湖湖面海拔 189 m，是准噶尔盆地西南部的汇水中心。湖盆西与博尔塔拉河谷相通，东与准噶尔盆地相连，北依阿拉套山和麻衣拉山，南临雄伟的天山支脉（科谷尔琴山与婆罗科努山）。南北两侧为向盆地中心倾斜的山前洪积—冲积平原。东西两翼为地势低平的冲积—湖积平原。

（1）山前洪积—冲积平原。南北两侧的洪积—冲积平原分别是由若干个大大小小的洪积—冲积扇连接而成的。其中较大的有大河沿子洪积—冲积扇、阿长勒洪积—冲积扇、精河洪积—冲积扇和托托洪积—冲积扇。在扇形地上中部，坡度大，细土物质少，风蚀严重，植被稀疏，发育着灰棕漠土；扇形地下部沉积了较厚的黄土状洪积—冲积物，发育着黄灌耕土；及至扇缘地下水排泄条件变差，泉水大量出露，发育着草甸土、沼泽土和在它们基础上改造熟化而成的潮土，但由于地下径流不畅，加之气候干旱，所以盐渍化现象比较普遍。

（2）冲积—湖积平原。地势低平，地下水排泄条件差，矿化度高，土壤积盐强烈，干旱多大风，风力搬运、沉积频繁。盐土和风沙土的分布相当广泛。

三、植被分布

博州地形地貌、气候、水文、母质等变化多样，植物生境条件复杂，因而也就出现了繁多的植被类型，按其自然分布规律大致可划分为 11 种类型。

1. 原始高山草甸

分布在海拔 3 200~3 500 m，主要为高山垫状植物及苔藓，混生极少量禾草类，总覆盖度<10%。

2. 高山草甸

分布在海拔 2 900~3 200 m 的高山地带，主要生长着蒿草及苔草，混生有牙蓼、野葱，地面布满了地衣和苔藓，草高多在 5~15 cm，总覆盖度 30%~80%。

3. 亚高山草甸

分布在海拔 2 400（2 700~2 900）m，主要生长着苔草和蒿草，混生有大量羽衣草、老鹳草、火贼草、罂粟、龙胆等艳花植物，百花争艳，素有天然花园之称，草高 20~50 cm，总覆盖度 80%左右。

4. 中山草甸草原及森林植被

主要分布在降水量比较大的哈拉吐鲁克、哈夏、三台、巴音那木及赛里木湖西南部等山区，分布海拔 1 100（1 500）~2 500（2 700）m，在上述湿度大的阴坡及山沟中，主要是雪云岑杉林。但在 1 200~1 800 m，云杉常与山杨、桦树、桦楸、河柳及枸子、蔷薇等灌木组成针、阔混交林。阳坡和林间空地生长着茂密的苔草、针茅、早熟禾、异燕麦、赖草、狐茅、委陵菜、老鹳草、糙苏、贝母，以及枸杞子、蔷薇等小灌木，草高多达 30~80 cm，覆盖度 80%~90%。

5. 草原植被

主要分布在海拔 1 200~2 400 m 降水量相对稀少的山地及山间盆谷地上。主要生长着狐茅和针茅，混生有少量蒿类。覆盖度 30%~50%。

6. 荒漠草原植被

分布在海拔 600~1 300 m，主要生长着蒿属植物，混生少量针茅等禾草类以及锦鸡儿、木本猪毛菜、小蓬等小灌木、小半灌木和角果藜、优若藜等藜科植物，总覆盖度 15%~

30%。在四台谷地茎葱等鳞茎类植物所占比例相当大。

7. 荒漠植被

（1）砾质荒漠植被。分布在海拔 400~1 000 m 的精河山前洪积扇上中部，主要生长着梭梭、麻黄、猪毛菜等，在冲沟中生长有铃铛刺、针枝蓼蒿类、沙生针茅等，总覆盖度< 10%。

（2）盐化荒漠植被。主要分布在精河、博乐海拔 300~700 m 的山前洪积扇下部细土母质上，生长着琵琶柴、梭梭、假木贼等小灌木和小半灌木，伴生大量猪毛菜及少量蒿属植物，总覆盖度 10%~20%。

（3）沙生植物。分布在艾比湖盆地的沙垄、沙丘和平沙地上，主要有沙拐枣、沙米、沙生针茅等，覆盖度 5%~10%。

8. 盐生植被

盐生植被主要分布在艾比湖盆地周围的湖积—冲积平原上，海拔 200~400 m，生长有矮生芦苇、獐毛草、盐蓬、白刺、胖姑娘、盐爪爪、盐穗木、红柳、胡杨等耐盐、泌盐植物，总覆盖度 5%~30%。

9. 林灌草甸植被

林灌草甸植被分布在河流的河漫滩上，主要生长有杨柳、榆树及沙棘灌丛，伴生有黄蒿、铃铛刺、芨芨草、芦苇、苦豆子等，总覆盖度 50%~80%。

10. 草甸植被

主要分布在三河下游冲积平原及较大洪积扇扇缘带，主要以芨芨草、芦苇为主，混生有甘草、窄叶野豌豆、罗布麻、甘遂、苍耳、铃铛刺等，总覆盖度多在 60%~80%。

11. 沼泽植被

分布在各扇缘泉水溢出带和河漫滩上的槽形、蝶形及洼地中，主要生长着芦苇、香蒲、三棱草、稗子草、车前、水膜蓼、马兰、滨草等喜湿植物，一般总覆盖度高达 70%~90%。

四、水文条件

博州北、西、南三面环山，高大雄伟的山体耸入云霄，南部的别珍套山，北部的阿拉套山、东南部的婆罗科努山，最高均达到 4 000 m 以上，这些巨大的山体构成了博州的水文中心。环绕着这些高山水文中心，产生了博州的全部水资源，其中大的河网水系 3 条，年平均流量 33. 58 m^3/s，年总径流量 10. 6 亿 m^3；山沟水系 18 条，年平均流量 28 m^3/s，年总径流量 8. 7 亿 m^3；泉群 13 处，年平均流量 9. 42 m^3/s，年总径流量 2. 9 亿 m^3。3 项水资源合计，年平均流量 71 m^3/s，年总径流量 22. 2 亿 m^3，另外还有可开采利用的地下水 1 亿~2 亿 m^3。

五、成土母质

形成博州土壤的母质主要为第四纪松散堆积物，按其成因类型可分为残积物、坡积物、洪积物、冲积物、风积物、冰碛物及冰水堆积物、湖积物。

1. 残积物

残积物在山地分布较广，主要为花岗岩风堆积，其特点是无分选、无层次，细土物质混杂着棱角分明的结晶颗粒和碎石，越往剖面下层棱角分明的碎石越多，直至破碎基岩。

2. 坡积物

坡积物广泛分布在博州山区，自然崩解和风化物质受冰水、融雪及雨水的冲刷携带，堆积至稍为平缓的山坡或坡脚处形成深厚的堆积层，其特点是细土物质较残积物多，碎石的棱角稍经磨损而不太明显、层次不分明；与搬运距离相关，在高大山体的下部坡麓，碎石及结晶颗粒的棱角磨损多些，细土物质多些；而在低矮山体的山坡及山麓，因搬运距离短，碎石棱角明显，细土物质少。

3. 洪积物

洪积物由暂时性线状洪流搬运堆积而成，分布极广。除博尔塔拉河、精河、大河沿子河3条较大河常年流水外，还有18条较大的和数十条小的山沟水，均为季节性的间歇河流，冬季断流、春洪、夏洪期间则水流汹涌，所以在山口及山前均堆积了深厚的洪积物质，形成了较大的洪积扇。有些新老洪积扇套生叠置，构成广阔的山前洪积倾斜平原。在古老洪积扇上或现代洪积扇的上部，砾石含量常高达60%~70%，颗粒分选性差，砾石滚圆度为次圆，扇形地中部为沙卵石，大的粒径1~10 cm，并含有一定量的亚砂土，扇形地下部及扇缘，沙卵石层逐渐消失，而被亚砂土和亚黏土所代替，洪积物的厚度常达数米至数百米。

4. 冲积物

冲积物为河流搬运堆积或泛滥淤积而成，广布于博尔塔拉河、精河、大河沿子河3条大河中游的阶地、河漫滩及下游冲积平原上，博尔塔拉河中游由黄土状的亚砂土、亚黏土组成的河阶地发育，土层厚度为1~25 m，精河、大河沿子河阶地发育不完全、规模也较小，与山前洪积扇交织在一起，组成洪积—冲积扇。冲积物的特点：分选性好，水平层理明显，质地较细，养分含量较高。

5. 风积物

风积物是由风力将第四纪冲积物、洪积物等堆积物侵蚀、搬运、沉积而成。风积物的特点是分选度极高，无层次分别，现代风积物主要分布在艾比湖盆地。另外，博乐市城北由深厚的黄土状亚砂土组成的黄土台地，土层深厚（最厚处达50~200 m），质地均一、无层次分异。

6. 冰碛物及冰水堆积物

冰碛物为现代冰川作用搬运堆积而形成，常见于帕米尔、西昆仑山谷地和山地平坦面上。博州冰碛物和冰水堆积物出露地势较高，分布也不广。少数出露在1 300 m左右，大多在2 000 m以上，其特点是呈岛状、垄状或条带状分布，无层次、无分选，漂砾、碎石、沙子、黏土混杂堆积。

7. 湖积物

湖积物为静水沉积，分布在艾比湖的西部和东南部。由于是静水沉积，土层颗粒细，多为重壤或轻黏土，分选性极好，层理清晰，只是在季节性洪峰期河流入口处沉积了一些粉细沙层，阿拉山口大风的吹扬，也使湖积物中交错地沉积了一些薄的沙层，或混杂了一些沙子。

第三节　农业生产概况

一、耕地利用情况

博州现有耕地面积187.69×10^3 hm^2，占新疆耕地面积的3.58%，基本为水浇地，各县市耕地情况见表 1–2。

表 1–2　博州各县市的耕地分布　（$\times10^3$ hm^2）

县市	2020 年末耕地面积	水浇地	旱地
博乐市	82.16	82.13	—
精河县	65.28	65.28	—
温泉县	40.25	40.25	—
总计	187.69	187.66	—

二、区域主要农作物播种面积及产量

博州农作物播种面积 182.58×10^3 hm^2，占新疆播种面积的 2.91%。主要种植作物为小麦、玉米、棉花、油料、甜菜和苜蓿，面积分别为 8.06×10^3 hm^2、44.37×10^3 hm^2、94.65×10^3 hm^2、0.39×10^3 hm^2、3.96×10^3 hm^2 和 2.82×10^3 hm^2，占新疆的比例分别为 0.75%、4.22%、3.78%、0.22%、6.37%和 1.41%。小麦、玉米、棉花、油料、甜菜和苜蓿种植面积分别占博州农作物种植面积的 4.41%、24.30%、51.84%、0.21%、2.17%和 1.54%，各县市的农作物种植面积见表 1–3。

博州小麦、玉米、棉花、油料、甜菜和苜蓿的产量分别为 4.62 万 t、52.76 万 t、18.27 万 t、0.13 万 t、27.74 万 t 和 2.77 万 t，占新疆的比例分别为 0.79%、5.68%、3.54%、0.23%、6.00%和 1.20%，各县市的主要农作物产量见表 1–4。

表 1–3　博州各县市的主要农作物种植面积　（$\times10^3$ hm^2）

县市	播种面积	小麦	玉米	棉花	油料	甜菜	苜蓿
博乐市	59.60	2.35	17.30	30.57	0.03	2.01	0.15
精河县	81.42	1.45	1.55	64.08	0.23	0.74	2.01
温泉县	41.56	4.26	25.51	—	0.13	1.21	0.66
总计	182.58	8.06	44.37	94.65	0.39	3.96	2.82
占新疆比例（%）	2.91	0.75	4.22	3.78	0.22	6.37	1.41

表 1–4　博州各县市的主要农作物产量　（万 t）

县市	小麦	玉米	棉花	油料	甜菜	苜蓿
博乐市	1.35	23.00	5.87	0.01	15.47	0.12
精河县	0.81	1.38	12.40	0.08	4.31	2.44
温泉县	2.46	28.38	—	0.04	7.96	0.21
总计	4.62	52.76	18.27	0.13	27.74	2.77
占新疆比例（%）	0.79	5.68	3.54	0.23	6.00	1.20

三、农作物施肥品种和用量情况

从表 1–5 可以看出，博州的化肥总用量（折纯）为 70 562 t，农作物使用的化肥主要为氮肥、磷肥、钾肥和复合肥，用量（折纯）分别为 35 463 t、20 215 t、4 396 t 和 10 488 t，占总用量的比例分别为 50.26%、28.65%、6.23%和 14.86%。博州氮磷肥用量较为合理，但是钾肥较少施用。

表 1-5 博州各县市的化肥折纯用量 (t)

县市	氮 肥	磷 肥	钾 肥	复合肥	总用量
博乐市	9 513	8 016	1 058	3 934	22 521
精河县	19 046	8 037	1 530	6 099	34 712
温泉县	6 904	4 162	1 808	455	13 329
总计	35 463	20 215	4 396	10 488	70 562
占新疆比例（%）	3.37	3.26	1.97	1.78	2.84

四、农作物机械化应用情况

博州农业机械总动力为 830 620 kW，其中农业大中型拖拉机 9 002 台，动力为 437 215 kW，占农业机械总动力的 52.64%；小型拖拉机 17722 台，动力为 233 705 kW，占农业机械总动力的 28.14%。大中型拖拉机配套农具 18 808 套，小型拖拉机配套农具 9 208 套，节水灌溉机械 1 191 台。各县市的农业机械情况见表 1-6。

因地制宜推广农机化覆盖范围，不断提高机械应用率，实现高效、优质农业机械化的合理布局。在现有机械基础上提升农业种植业机械化效率和作业质量，大力推广小麦、玉米、棉花等主要作物全程机械化，做到犁地、整地、播种、中耕、施肥、打药、除草、收获、拉运、打捆等全程机械化。

表 1-6 博州各县市的农业机械情况

县市	农业机械总动力（kW）	大中型拖拉机		小型拖拉机		大中型拖拉机配套农具（部）	小型拖拉机配套农具（部）	节水灌溉机械数量（台）
		数量（台）	动力（kW）	数量（台）	动力（kW）			
博乐市	328 188	3 115	147 948	6 900	97 014	8 299	3 591	892
精河县	356 879	4 923	231 087	7 066	87 090	9 105	3 902	131
温泉县	145 553	964	58 180	3 756	49 601	1 404	1 715	168
总计	830 620	9 002	437 215	17 722	233 705	18 808	9 208	1 191

注：表 1-2、表 1-3、表 1-4、表 1-5、表 1-6 数据来源于《2021 年新疆统计年鉴》。

第二章

耕地土壤类型

博州耕地总面积为 187 685. 59 hm^2。耕地土壤类型分 11 个土类、28 个亚类。本次仅针对面积较大的潮土、棕钙土、灰漠土和草甸土 4 个土类进行重点描述。博州耕地土壤分类系统见表 2-1。

表 2-1　博州耕地土壤分类系统

<table>
<tr><th>土纲</th><th>亚纲</th><th>土类</th><th>亚类</th></tr>
<tr><td rowspan="7">半水成土</td><td rowspan="3">暗半水成土</td><td rowspan="2">草甸土</td><td>石灰性草甸土</td></tr>
<tr><td>盐化草甸土</td></tr>
<tr><td>林灌草甸土</td><td>林灌草甸土</td></tr>
<tr><td rowspan="4">淡半水成土</td><td rowspan="4">潮土</td><td>潮土</td></tr>
<tr><td>灰潮土</td></tr>
<tr><td>青潮土</td></tr>
<tr><td>盐化潮土</td></tr>
<tr><td>初育土</td><td>土质初育土</td><td>风沙土</td><td>灌耕风沙土</td></tr>
<tr><td rowspan="4">人为土</td><td rowspan="4">灌耕土</td><td rowspan="4">灌漠土</td><td>灰灌漠土</td></tr>
<tr><td>脱潮灌耕土</td></tr>
<tr><td>盐化灌耕土</td></tr>
<tr><td>棕钙型灌耕土</td></tr>
<tr><td rowspan="6">漠土</td><td rowspan="6">暖温漠土</td><td rowspan="3">灰漠土</td><td>灌耕灰漠土</td></tr>
<tr><td>灰漠土</td></tr>
<tr><td>盐化灰漠土</td></tr>
<tr><td rowspan="3">灰棕漠土</td><td>灌耕灰棕漠土</td></tr>
<tr><td>灰棕漠土</td></tr>
<tr><td>盐化灌耕灰棕漠土</td></tr>
<tr><td rowspan="4">盐碱土</td><td rowspan="4">盐土</td><td>漠境盐土</td><td>干旱盐土</td></tr>
<tr><td rowspan="3">盐土</td><td>草甸盐土</td></tr>
<tr><td>结壳盐土</td></tr>
<tr><td>沼泽盐土</td></tr>
<tr><td rowspan="4">水成土</td><td rowspan="4">水成土</td><td rowspan="4">沼泽土</td><td>草甸沼泽土</td></tr>
<tr><td>灌耕沼泽土</td></tr>
<tr><td>泥炭沼泽土</td></tr>
<tr><td>盐化沼泽土</td></tr>
<tr><td rowspan="2">干旱土</td><td rowspan="2">干旱温钙层土</td><td rowspan="2">棕钙土</td><td>灌耕棕钙土</td></tr>
<tr><td>棕钙土</td></tr>
</table>

第一节 潮土

一、潮土分布与特征

潮土是在长期的灌溉、耕种熟化过程中，在草甸土、草甸盐土和部分沼泽土等自然土壤的基础上演变而成。受地下水活动和灌溉水的共同影响，土体经常保持湿润状态，是博州主要的耕作土壤之一。面积 35 105.06 hm^2，占耕作土壤的 18.70%。潮土广布于洪积、冲积扇形地的扇缘溢出带的上部及广大的冲积平原。主要分布于博尔塔拉河、精河、大河沿子河等河流下游冲积平原以及山前洪积扇扇缘带，由狭带状不连续的分布到连片大面积的分布。主要分布在博乐市、精河县。

潮土剖面分化较为明显，上部是耕作层，心土层为潴育层，底土层一般为潴育层，有的则为潜育层，其下过渡到母质层。耕作层与心土层有淤积土层的存在，通体湿润，土性冷凉，犁底层极不明显，难以区分。

耕作层：一般厚度达 16~30 cm，质地以中壤或轻壤为主；颜色呈灰、灰棕、红棕、黄灰色，腐殖质积累较多的颜色较暗；团块状或碎块状结构，疏松。

心土层：一般耕作层以下紧接心土层，但有的具厚度不等的过渡层。该层上部大多为灌溉淤积物。质地直接受灌溉淤积物来源的影响。颜色较上层浅；块状结构，较紧实，有明显的氧化还原产物锈纹锈斑和白色石灰结核存在，而区别于耕作层及底土层，锈纹锈斑和石灰斑点在该层出现的部位差异很大，地下水位的高低直接影响锈纹锈斑出现部位的高低，地下水位深，出现部位较低；反之，则较高。有的地区的潮土在该层尚有白色脉纹状的盐分新生体存在。

底土层：土层湿或潮湿，紧实，孔隙较少，大块状结构；质地往往不均一，有冲积母质的沉积层次，层理分明，沙、黏或壤、沙相间；地形低洼的扇缘或洼地常有潜育现象，土色呈青灰色，并有铁锰结核。

二、潮土的分类

博州的潮土受地貌、地形部位、成土母质、地下水矿化度和组成等多因子影响，按其参与的附加成土过程的主次不同而分为 4 个亚类即潮土、灰潮土、青潮土、盐化潮土。其中灰潮土面积最大，为 15 530.77 hm^2，占该土类面积的 44.24%；其次是盐化潮土，占该土类面积的 28.01%；青潮土面积最小，占该土类面积的 1.11%。

（1）潮土亚类。潮土亚类土壤母质为古河流冲积物、洪积冲积物及浅海沉积物等。土壤地下水周期性升降变化、旱作条件下的低腐殖质积累是潮土形成的共同特点。由不同质地土层构成的土壤个体类型，其水分物理性状和肥力水平不一。

（2）灰潮土亚类。灰潮土是潮土中熟化程度较高的一个亚类，剖面分化明显，呈灰色，粒状或小团块结构。灰潮土主要分布在博乐市、温泉县，多呈灰或灰黄色，质地以砂壤、轻壤居多，块状或碎块状结构。层次过渡明显，心土层锈纹锈斑出现部位较高，质地为壤质。底土层有大量的锈纹锈斑，有的出现潜育现象。

（3）青潮土亚类。青潮土成土母质为河流冲积物。主要分布在平原中部，地下水理深较浅，心土层常见锈色斑纹，其下往往有潜育现象。

(4) 盐化潮土亚类。盐化潮土主要成土过程为高位地下水浸润以及灌溉耕作熟化，另外还参与了盐渍化这个附加成土过程，使土壤的属性起了很大变化。盐化潮土由于毛管的作用，使可溶性盐类积累在地表，造成盐分含量过高。盐分在土体内的分布呈现“T”字形较多，基本上以表层积聚形式为主。

第二节　棕钙土

一、棕钙土分布与特征

棕钙土是温带荒漠化草原的地带性土壤，广泛分布于博乐市谷地两侧海拔 500 m 或 750 m以上的山前洪积扇上中部。从北、西、南三面以弧形带状环绕漠境，显示了漠境向草原过渡的特点。棕钙土面积 34 922. 94 hm^2，占耕作土壤的 18. 61%。博乐市、精河县、温泉县均有分布，其中温泉县面积最大，占 76. 94%。

棕钙土的形态特征与之所处的生物气候带完全吻合，充分显示了在荒漠草原条件下的成土过程所塑造的属性：一是腐殖质层染色浅，部分区域有机质含量低，向下过渡多不甚明显；二是碳酸钙的淋溶程度弱，大多在 5～20 cm 就出现钙积层，钙积层的碳酸钙含量几乎在 6%～20%，特别是淡棕钙土，其淋溶程度只有 2～10 cm，且钙积层多不明显，而灌耕棕钙土由于灌淋作用的影响，钙积层下移到了 20～30 cm。

二、棕钙土的分类

博州的棕钙土由于受地貌、地形部位、成土母质、地下水矿化度和组成等多因子影响，其参与的附加成土过程的主次不同而分为 2 个亚类即灌耕棕钙土和棕钙土。其中灌耕棕钙土面积最大，为 27 883. 28 hm^2，占该土类面积的 79. 84%；棕钙土占该土类面积的 20. 16%。

(1) 灌耕棕钙土亚类。灌耕棕钙土是棕钙土土类中受人为生产活动影响较强，肥力较高的一个亚类。其母土的成土母质多系洪积性黄土，土层厚度 60～100 cm。开垦较早，灌耕历史较长，在灌溉、耕作、施肥、种植等人为措施作用下，产生了一个附加的灌耕熟化过程，剖面上中部明显下移或已见不到明显的钙积层。

(2) 棕钙土亚类。博州的棕钙土亚类面积 7 039. 66 hm^2，大多发育在粗骨母质上，地势平坦，棕钙土亚类只有棕钙土 1 个土属。

第三节　灰漠土

一、灰漠土分布与特征

灰漠土面积 33 064. 53 hm^2，占耕作土壤的 17. 62%。灰漠土是石膏盐层土中稍微湿润的类型，是温带漠境边缘细土物质上发育的土壤，分布在山前倾斜平原、古老冲积平原，成土母质大多数是黄土，也有一部分为沙砾石母质。灰漠土是在温带荒漠气候条件下形成的，既有漠土成土过程的特点，又有草原土壤形成过程的雏形，如腐殖质积累过程略有表现，碳酸钙弱度淋溶，部分剖面中下部有白色结晶状石膏和脉纹状盐分聚积层。通体强石灰反应。

二、灰漠土的分类

博州的灰漠土由于受地貌、地形部位、成土母质、地下水矿化度和组成等多因子影响，其参与的附加成土过程的主次不同而分灌耕灰漠土、灰漠土、盐化灰漠土 3 个亚类。其中灌耕灰漠土面积最大，为 19 936. 92 hm^2，占该土类面积的 60. 30%；其次是盐化灰漠土，占该土类面积的 26. 03%；灰漠土面积最小，占该土类面积的 13. 67%。

（1）灌耕灰漠土亚类。灌耕灰漠土与灰漠土的其他亚类相比，灌耕熟化过程是其重要的附加成土过程，土壤属性也有明显变化。剖面特征具有明显的耕作层、犁底层和心土层。灌耕灰漠土依据颜色、质地、结构及沙砾层在剖面中出现的部位，划分为 6 个土属：白板土、白沙土、灌耕灰漠土、黄土、红土、火岗土。其中白板土耕地面积最大，为 8 514. 33 hm^2，占灌耕灰漠土亚类面积的 42. 71%，其次是黄土，占 28. 50%，灌耕灰漠土土属面积最小，仅占 1. 36%。

（2）灰漠土亚类。灰漠土亚类面积为 4 520. 50 hm^2，分布在博乐市洪积—冲积平原上，精河县和温泉县没有分布。只有薄层灰漠土 1 个土属，全为薄层土，部分剖面的表土层还含有较多的砾石。

（3）盐化灰漠土亚类。盐化灰漠土亚类面积为 8 607. 11 hm^2，96. 17%的面积分布在博乐市洪积扇下部和山前洪积平原上，3. 83%分布在精河县，温泉县没有分布。根据母质类型和人为措施影响程度划分为盐化灰漠土和盐黄土 2 个土属。

①盐化灰漠土土属主要分布在阔依塔斯山山前洪积平原上，地形较平缓，土壤母质为洪积物，一般 40~60 cm 即为沙砾层。

②盐黄土土属是博州平原地区较好的土壤资源，随着水利建设的发展，已被改良开发利用。

第四节　草甸土

一、草甸土分布与特征

草甸土是博州的良好土壤资源，面积 28 143. 12 hm^2，占耕作土壤的 14. 99%，主要分布在博尔塔拉河、精河和大河沿子河下游冲积平原的平地处，以及各山前冲积扇扇缘地带。草甸土的主导成土过程是草甸化过程（包括腐殖质累积过程和氧化还原过程），剖面结构简单，主要由腐殖质表层及锈纹锈斑层组成，个别剖面下部有坚实的砂姜磐。

二、草甸土的分类

草甸土在形成过程中，腐殖质积累和滞育过程为主导成土过程，但是由于附加成土条件的不同，草甸土在成土过程中有差异，以此作为草甸土划分亚类的依据。草甸土可划分为盐化草甸土、石灰性草甸土 2 个亚类。盐化草甸土亚类面积 26 955.78 hm^2，占该土类面积的 95.78%；石灰性草甸土面积 1 187.35 hm^2，占该土类面积的 4.22%。

（1）盐化草甸土亚类。盐化草甸土是草甸土中面积最大的一个亚类，主要分布在扇缘及三河下游冲积平原。盐化草甸土地下水位较高，剖面通体都含有较多的盐分。灌溉水源方便，地势平坦的地段，经多年排水洗盐、灌溉种植，土壤属性发生了很大变化，但盐分仍然是个主要的障碍因素。

（2）石灰性草甸土亚类。石灰性草甸土亚类碳酸钙含量较高，剖面通体都有明显的石灰反应。

第五节 其他土类

除潮土、棕钙土、灰漠土和草甸土外，风沙土、灌漠土、灰棕漠土、林灌草甸土、漠境盐土、盐土和沼泽土等其他土类面积共计 56 449.94 hm^2，占博州耕地总面积的 30.08%。

第三章

耕地质量评价方法与步骤

耕地质量调查评价根据《耕地质量调查监测与评价办法》和《耕地质量等级》（GB/T 33469—2016）进行，评价的数据主要来源于2020年耕地质量调查评价监测样点野外调查及室内分析数据。在评价过程中，应用GIS空间分析、层次分析、特尔斐等方法，划分评价单元、确定指标隶属度、建立评价指标体系、构建评价数据库、计算耕地质量综合指数、评价耕地质量等级、编制耕地质量等级及养分等相关图件。

第一节 资料收集与整理

耕地质量评价资料主要包括耕地化学性状、物理性状、立地条件、土壤管理、障碍因素等。通过野外调查、室内化验分析和资料收集，获取了大量耕地质量基础信息，经过严格的数据筛选、审核与处理，保障了数据信息的科学准确。

一、软硬件及资料准备

（一）软硬件准备

1. 硬件准备

主要包括图形工作站、数字化仪、扫描仪、喷墨绘图仪等。图形工作站主要用于数据和图件的处理分析，数字化仪、扫描仪用于图件的输入，喷墨绘图仪用于成果图的输出。

2. 软件准备

主要包括Windows操作系统软件，FOXPRO数据库管理、SPSS数据统计分析等应用软件，MapGIS、ArcVIEW等GIS软件，以及ENVI遥感图像处理等专业分析软件。

（二）资料的收集

本次评价广泛收集与评价了有关自然和社会经济因素资料，主要包括参与耕地质量评价的野外调查资料及分析测试数据、各类基础图件、统计年鉴及其他相关统计资料等。收集获取的资料主要包括样点基本信息、立地条件、理化性状、障碍因素、土壤管理5个方面。

样点（调查点）基本信息：包括统一编号、省（市）名、地市名、县（区、市、农场）名、乡镇名、村名、采样年份、经度、纬度、采样深度等（表3-1）。

立地条件：包括土类、亚类、土属、土种、成土母质、地形地貌、坡度、坡向、地下水埋深等。

理化性状：包括耕层厚度、耕层质地、有效土层厚度、容重、质地构型等土壤物理性状；土壤化学性状主要有土壤pH值、有机质、全氮、有效磷、速效钾、缓效钾、有效硫、有效锌、有效硼、有效铜、有效铁、有效钼、有效锰等。

障碍因素：包括障碍层类型、障碍层深度、障碍层厚度、盐渍化程度等。

土壤管理：包括常年耕作制度、作物产量、灌溉方式、灌溉能力、排水能力、农田林网化程度、清洁程度等。

表 3-1　耕地质量等级调查表

项目	项目	项目	项目
统一编号	地形部位	盐化类型	有效铜（mg/kg）
省（市）名	海拔高度	地下水埋深（m）	有效锌（mg/kg）
地市名	田面坡度	障碍因素	有效铁（mg/kg）
县（区、市、农场）名	有效土层厚度（cm）	障碍层类型	有效锰（mg/kg）
乡镇名	耕层厚度（cm）	障碍层深度（cm）	有效硼（mg/kg）
村名	耕层质地	障碍层厚度（cm）	有效钼（mg/kg）
采样年份	耕层土壤容重（g/cm^3）	灌溉能力	有效硫（mg/kg）
经度（°）	质地构型	灌溉方式	有效硅（mg/kg）
纬度（°）	常年耕作制度	水源类型	铬（mg/kg）
土类	熟制	排水能力	镉（mg/kg）
亚类	生物多样性	有机质（g/kg）	铅（mg/kg）
土属	农田林网化程度	全氮（g/kg）	砷（mg/kg）
土种	土壤 pH 值	有效磷（mg/kg）	汞（mg/kg）
成土母质	耕层盐分（g/kg）	速效钾（mg/kg）	主栽作物名称
地貌类型	盐渍化程度	缓效钾（mg/kg）	年产量（kg/亩）①

1. 野外调查资料

野外调查点是依据耕地质量调查评价监测样点布设点位图进行调查取样，野外调查资料主要包括地理位置、地形地貌、土壤母质、土壤类型、有效土层厚度、耕层质地、耕层厚度、容重、障碍层次类型及位置与厚度、耕地利用现状、灌排条件、水源类型、地下水埋深、作物产量及管理措施等。采样地块基本情况调查内容见表 3-1。

2. 分析化验资料

室内分析测试数据，主要有土壤 pH 值、耕层含盐量、有机质、全氮、碱解氮、有效磷、速效钾、缓效钾、全磷、全钾、交换性钙、交换性镁、有效硫、有效锌、有效硼、有效铜、有效铁、有效钼、有效锰，有效硅，以及重金属铬、镉、铅、砷、汞等化验分析资料。

3. 基础及专题图件资料

主要包括县级 1：5 万及自治区级 1：100 万比例尺的土壤图、土地利用现状图、地貌图、土壤质地图、行政区划图等。其中，土壤图、土地利用现状图、行政区划图主要用于叠加生成评价单元，土壤质地图、地貌图、林网化分布图、渠道分布图等用于提取评价单元信息。

---

① 1 亩约为 667 m^2，全书同。

4. 其他资料

收集的统计资料包括近年的县、地区、自治区统计年鉴，农业统计年鉴等，内容包含以行政区划为基本单位的人口、土地面积、耕地面积，近 3 年主要作物种植面积、粮食单产、总产，蔬菜和果品种植面积及产量，以及肥料投入等社会经济指标数据；名、特、优特色农产品分布、数量等资料；近几年土壤改良试验、肥效试验及示范资料；土壤、植株、水样检测资料；高标准农田建设、水利区划、地下水位分布等相关资料；项目区范围内的耕地质量建设及提升项目资料，包括技术报告、专题报告等。

二、评价样点的布设

1. 样点布设原则

要保证获取信息及成果的准确性和可靠性，布点要综合考虑行政区划、土壤类型、土地利用、肥力高低、作物种类、管理水平、点位已有信息的完整性等因素，科学布设耕地质量调查点位。

2. 样点布设方法

耕地质量调查点位基本固定，大致按 1 万亩耕地布设 1 个，覆盖所有农业县（区、市、农场），并与新疆耕地质量汇总评价样点、测土配方施肥取土样点、耕地质量长期定位监测点相衔接，确保点位代表性与延续性的要求，依据《新疆统计年鉴 2020》博州耕地面积为 187.69×10^3 hm^2，共计布设 259 个耕地质量调查评价点，形成博州耕地质量调查评价监测网（图 3-1）。

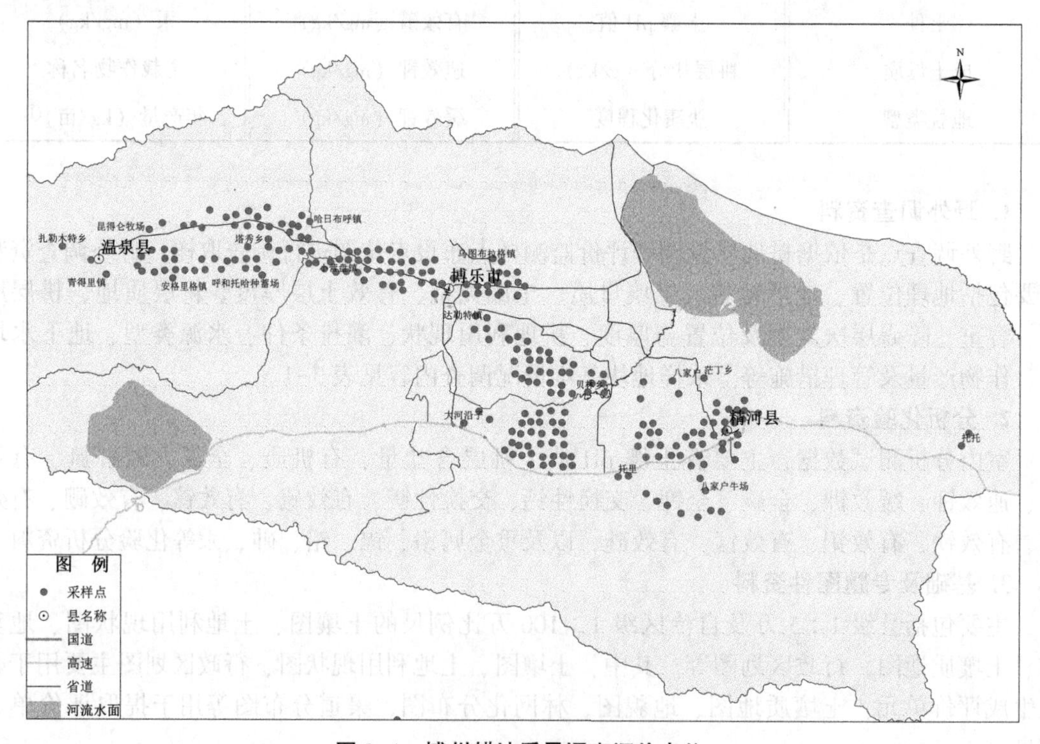

图 3-1 博州耕地质量调查评价点位

三、土壤样品检测与质量控制

（一）分析项目及方法

1. 分析项目

根据《农业部办公厅关于做好耕地质量等级调查评价工作的通知》中耕地质量等级调查内容的要求，土壤样品分析测试项目有：土壤 pH 值、耕层土壤容重、有机质、全氮、碱解氮、有效磷、速效钾、缓效钾、有效硫、有效锌、有效硼、有效铜、有效铁、有效钼、有效锰、有效硅，以及重金属铬、镉、铅、砷、汞、总盐等。

2. 分析方法

（1）土壤 pH 值。依据《土壤检测　第 2 部分：土壤 pH 值的测定》（NY/T 1121. 2—2006）。

（2）有机质。依据《土壤检测　第 6 部分》（NY/T 1121. 4—2006）。

（3）全氮。依据《土壤全氮测定法（半微量开氏法）》（NY/T 53—1987）。

（4）森林土壤氮的测定，依据 LY/T 1228。

（5）有效磷。依据《土壤检测　第 7 部分》（NY/T 1121. 7—2014），依据《中性和石灰性土壤有效磷的测定》（LY/T 1233—1999）。

（6）速效钾、缓效钾。依据 NY/T 889—2004。

（7）水溶性总盐。依据《土壤检测　第 16 部分》（NY/T 1121. 16—2017）。

（8）有效铜、有效锌、有效铁、有效锰。依据《DTPA 浸提-原子吸收分光光度法测定》（NY/T 890—2004）。

（9）有效硼。依据《土壤检测第 8 部分》（NY/T 1121. 8—2006）。

（10）有效钼。依据《土壤检测第 9 部分》（NY/T 1121. 9—2012）。

（11）有效硫。依据《土壤检测第 14 部分》（NY/T 1121. 14—2006）。

（12）有效硅。依据《土壤检测第 15 部分》（NY/T 1121. 15—2006）。

（13）铬。依据《火焰原子吸收分光光度法》（HJ 491—2019）。

（14）镉、铅。依据《石墨炉原子吸收分光光度法》（GB/T 17141—1997）。

（15）砷、汞。依据《原子荧光法》（GB/T 22105—2008）。

（16）耕层土壤容重。依据《土壤检测　第 4 部分》（NY/T 1121. 4—2006）。

（二）分析测试质量控制

1. 实验前的准备工作

严格按照《测土配方施肥技术规程》实施，对分析测试人员进行系统的技术培训、岗位职责培训，建立健全实验室各种规章制度，规范实验步骤，对仪器设备进行计量校正，指定专人管理标准器皿和试剂，并重点对容易产生误差的环节进行监控，邀请化验室专家检查和指导化验工作，不定期对化验人员分析技能进行分析质量考核检查，及时发现问题解决问题。确保检测结果的真实性，准确性，可比性与实用性。

2. 分析质量控制方法

（1）方法。严格按照 NY/T 1121—2006 等标准方法要求进行分析测试。

（2）标准曲线控制。建立标准曲线，标准曲线线性相关达到 0. 999 以上。每批样品都必须做标准曲线，并且重现性良好。

（3）精密度控制。平行测定误差控制，合格率达 100%。盲样控制，制样时将同一样品处理好后，四分法分成两份，编上统一分析室编号，分到不同批次中，按平行误差的1.5倍比对盲样两次测定结果的误差，所有盲样的某项目测试合格率达到90%，即可判断该项目整个测定结果合格。

（4）与地区化验室分析测试结果做对比。

（5）参加新疆统一组织的化验员培训和化验员参比样考核。

（6）参加农业农村部耕地质量监测保护中心每年组织的耕地质量检测能力验证考核。

（三）数据资料审核处理

数据的准确与否直接关系到耕地质量评价的精度、养分含量分布图的准确性，并对成果应用的效益发挥有很大影响。为保证数据的可靠性，在进行耕地质量评价之前，需要对数据进行检查和预处理。数据资料审核处理主要是对参评点位资料的审核处理，采取人工检查和计算机筛查相结合的方式进行，以确保数据资料的完整性和准确性。

1. 数据资料人工检查

执行数据的自校→校核→审核的“三级审核”。先由县（市）级专业人员对耕地质量调查评价样点点位，按照点位资料完整性、规范性、符合性、科学性、相关性的原则，对评价点位资料进行数据检查和审核。地州级再对县（市）级资料进行检查和审核，重点审核养分数据是否异常，作物产量是否符合实际，发现问题反馈给相应县（市），进行修改补充。在此基础上，自治区级对地州级资料再进行分析审核，重点统一地形地貌、土壤母质、灌排条件等划分标准，按照不同利用类型、不同质地类型、不同土壤类型分类检查土壤养分数据，剔除异常值，障碍因素与类型、分析测试指标及土壤类型之间是否有逻辑错误，土层厚度与耕层厚度之间是否存在逻辑错误等，发现问题反馈并修改。

2. 计算机筛查

为快速对逐级上报的数据资料进行核查，应用统计学软件等进行基本统计量、频数分布类型检验、异常值的筛选等去除可疑样本，保证数据的有效性、规范性。

四、调查结果的应用

（一）应用于耕地养分分级标准的确定

依据各县（市）汇总样点数据，结合区域田间试验和长期研究等数据，建立区域土壤pH值、总盐、有机质、全氮、碱解氮、有效磷、速效钾、缓效钾、有效铜、有效锌、有效铁、有效锰、有效硼、有效钼和有效硫等耕地主要养分分级标准。

（二）应用于耕地质量评价指标体系的建立

区域耕地质量评价实质上是评价各要素对农作物生长影响程度的强弱，所以在选择评价指标时主要遵循4个原则：一是选取的因素对耕地质量有较大影响，如地形部位、灌排条件等；二是选取的因素在评价区内变异较大，如质地构型、障碍因素等；三是选取的因素具有相对的稳定性和可获取性，如质地、有机质及养分等；四是选取的因素考虑评价区域的特点，如盐渍化程度、地下水埋深等。

（三）应用于耕地综合生产能力分析等

通过分析评价区样点资料和评价结果，可以获得区域生产条件状况、耕地质量状况、耕地质量主要性状情况，以及农业生产中存在的问题等，可为区域耕地质量水平提升提出有针对性的对策措施与建议。

第二节　评价指标体系的建立

本次评价重点包括耕地质量等级评价和耕地理化性状分级评价两个方面。为满足评价要求，首先要建立科学的评价指标体系。

一、评价指标的选取原则

参评指标是指参与评价耕地质量等级的一种可度量或可测定的属性。正确地选择评价指标是科学评价耕地质量的前提，直接影响耕地质量评价结果的科学性和准确性。博州耕地质量评价指标的选取主要依据《耕地质量等级》（GB/T 33469—2016），综合考虑评价指标的科学性、综合性、主导性、可比性、可操作性等原则。

科学性原则：指标体系能够客观地反映耕地综合质量的本质及其复杂性和系统性。选取评价指标应与评价尺度、区域特点等有密切的关系，因此，应选取与评价尺度相应、体现区域特点的关键因素参与评价。本次评价以博州耕地单元为评价区域，既需考虑地形部位等大尺度变异因素，又需选择与农业生产相关的灌溉、土壤养分等重要因子，从而保障评价的科学性。

综合性原则：指标体系要反映出各影响因素的主要属性及相互关系。评价因素的选择和评价标准的确定要考虑当地的自然地理特点和社会经济因素及其发展水平，既要反映当前的局部和单项的特征，又要反映长远的、全局的和综合的特征。本次评价选取了土壤化学性状、物理性状、立地条件、土壤管理等方面的相关因素，形成了综合性的评价指标体系。

主导性原则：耕地系统是一个非常复杂的系统，要把握其基本特征，选出有代表性的起主导作用的指标。指标的概念应明确，简单易行。各指标之间含义各异，没有重复。选取的因子应对耕地质量有比较大的影响，如地形因素、土壤因素和灌溉条件等。

可比性原则：由于耕地系统中的各个因素具有很强的时空差异，因而评价指标体系在空间分布上应具有可比性，选取的评价因子在评价区域内的变异较大，数据资料应具有较好的时效性。

可操作性原则：各评价指标数据应具有可获得性，易于调查、分析、查找或统计，有利于高效准确完成整个评价工作。

二、指标选取的方法及原因

耕地质量是由耕地质量、土壤健康状况和田间基础设施构成的满足农产品持续产出和质量安全的能力。选取的指标主要能反映耕地土壤本身质量属性的好坏。按照《耕地质量等级》（GB/T 33469—2016），区域耕地质量指标由基础性指标和区域补充性指标组成，建立“N+X”指标体系。N 为基础性指标（14 个），X 为区域补充性指标，通过新疆相关科研院所及各地州农技中心专家函选出新疆区域性评价指标 2 个，共选取 16 个指标作为新疆评价指标，各地州统一采用新疆评价指标，具体如下。

基础性指标：地形部位、有效土层厚度、有机质、耕层质地、土壤容重、质地构型、土壤养分状况（有效磷、速效钾）、生物多样性、障碍因素、灌溉能力、排水能力、清洁程度、农田林网化程度。

区域性指标：盐渍化程度、地下水埋深。

运用层次分析法建立目标层、准则层和指标层的三级层级结构，目标层即耕地质量等级，准则层包括立地条件、剖面性状、耕层理化性状、养分状况、健康状况和土壤管理6个部分。

立地条件：包括地形部位和农田林网化程度。博州地形地貌较为复杂，地形部位的差异对耕地质量有重要的影响，不同地形部位的耕地坡度、坡向、光温水热条件、灌排能力差异明显，直接或间接地影响农作物的适种性和生长发育；农田林网能够很好地防御灾害性气候对农业生产的危害，保证农业的稳产、高产，同时还可以提高和改善农田生态系统的环境。

剖面性状：包括有效土层厚度、质地构型、地下水埋深和障碍因素。有效土层厚度影响耕地土壤水分、养分库容量和作物根系生长；土壤剖面质地构型是土壤质量和土壤生产力的重要影响因子，不仅反映土壤形成的内部条件与外部环境，还体现出耕作土壤肥力状况和生产性能；地下水埋深影响作物土壤水分吸收和盐分运移，影响作物生长发育、产量；障碍因素影响耕地土壤水分状况以及作物根系生长发育，对土壤保水和通气性以及作物水分和养分吸收、生长发育以及生物量等均具有显著影响。

耕层理化性状：包括耕层质地、土壤容重和盐渍化程度。耕层质地是土壤物理性质的综合指标，与作物生长发育所需要的水、肥、气、热关系十分密切，显著影响作物根系的生长发育、土壤水分和养分的保持与供给；容重是土壤最重要的物理性质之一，能反映土壤质量和土壤生产力水平；盐渍化程度是土壤的重要化学性质之一，作物正常生长发育、土壤微生物活动、矿质养分存在形态及其有效性、土壤通气透水性等都与盐渍化程度密切相关。

养分状况：包括有机质、有效磷和速效钾。有机质是微生物能量和植物矿质养分的重要来源，不仅可以提高土壤保水、保肥和缓冲性能，改善土壤结构性，而且可以促进土壤养分有效化，对土壤水、肥、气、热的协调及其供应起支配作用。土壤磷、钾是作物生长所必需的大量元素，对作物生长发育以及产量等均有显著影响。

健康状况：包括清洁程度和生物多样性。清洁程度反映了土壤受重金属、农药和农膜残留等有毒有害物质影响的程度；生物多样性反映了土壤生命力丰富程度。

土壤管理：包括灌溉能力和排水能力。灌溉能力直接关系到耕地对作物生长所需水分的满足程度，进而显著制约着农作物生长发育和生物量；排水能力通过制约土壤水分状况而影响土壤水、肥、气、热的协调及作物根系生长和养分吸收利用等，同时直接影响盐渍化土壤改了利用的效果。

三、耕地质量主要性状分级标准的确定

20世纪80年代，第二次全国土壤普查项目开展时，曾对土壤pH值、有机质、全氮、碱解氮、有效磷、速效钾、有效硼、有效钼、有效锰、有效锌、有效铜、有效铁等耕地理化性质进行分级，其分级标准见表3-2、表3-3。经过近40年的发展，耕地土壤理化性质发生了较大变化，有的分级标准与目前的土壤现状已不相符合。本次评价在第二次全国土壤普查耕地土壤主要性状指标分级的基础上进行了修改或重新制定。

（一）制定的原则

一是要与第二次全国土壤普查分级标准衔接，在保留原全国分级标准级别值基础上，可以在一个级别中进行细分；同时在综合考虑当前土壤养分变化基础上，对个别养分分级级别

进行归并调整，以便于资料纵向、横向比较。二是细分的级别值，以及向上或向下延伸的级别值要有依据，需综合考虑作物需肥的关键值、养分丰缺指标等。三是各级别的幅度要考虑均衡，幅度大小基本一致。

表 3-2　第二次全国土壤普查土壤理化性质分级标准

分级标准	一级	二级	三级	四级	五级	六级
有机质（g/kg）	≥40	30~40	20~30	10~20	6~10	<6
全氮（g/kg）	≥2	1.5~2	1.0~1.5	0.75~1	0.5~0.75	<0.5
碱解氮（mg/kg）	≥150	120~150	90~120	60~90	30~60	<30
有效磷（mg/kg）	≥40	20~40	10~20	5~10	3~5	<3
速效钾（mg/kg）	≥200	150~200	100~150	50~100	30~50	<30
有效硼（mg/kg）	≥2.0	1.0~2.0	0.5~1.0	0.2~0.5	<0.2	—
有效钼（mg/kg）	≥0.3	0.2~0.3	0.15~0.2	0.1~0.15	<0.1	—
有效锰（mg/kg）	≥30	15~30	5~15	1~5	<1	—
有效锌（mg/kg）	≥3.0	1.0~3.0	0.5~1.0	0.3~0.5	<0.3	—
有效铜（mg/kg）	≥1.8	1.0~1.8	0.2~1.0	0.1~0.2	<0.1	—
有效铁（mg/kg）	≥20	10~20	4.5~10	2.5~4.5	<2.5	—

表 3-3　第二次全国土壤普查土壤酸碱度分级标准

项目	强碱性	碱性	微碱性	中性	微酸性	酸性	强酸性
pH 值	≥9.0	8.5~9.0	7.5~8.5	6.5~7.5	5.5~6.5	4.5~5.5	<4.5

（二）耕地质量主要性状分级标准

依据新疆耕地质量评价 7 054 个调查采样点数据，对相关指标进行了数理统计分析，计算了各指标的平均值、中位数、变异系数和标准差等统计参数（表 3-4）。以此为依据，同时参考相关已有的分级标准，并结合当前区域土壤养分的实际状况、丰缺指标和生产需求，确定依据新疆科学合理调整的养分分级标准（表 3-5）进行分级。

以土壤有机质为例，本次评价分为 5 级，考虑到新疆耕地有机质含量大于 25 g/kg 的样点占比只有 1 124 个，比例较小，因此，将有机质>25.0 g/kg 列为一级；同时，考虑到土壤有机质含量在 10~20 g/kg 的比例较高，占 53.84%，为了细分有机质含量对耕地质量等级的贡献，将 10~20 g/kg 拆分为 10~15 g/kg 和 15~20 g/kg，分别作为三、四级。

表 3-4　新疆耕地质量主要性状描述性统计表

项目	单位	中位数	平均值	标准差	变异系数（%）
pH 值	—	8.22	8.21	0.37	4.45
总盐	g/kg	1.5	2.73	3.94	144.27
有机质	g/kg	15.77	18.74	14.07	75.10
全氮	g/kg	0.87	0.95	0.52	54.86
碱解氮	mg/kg	61.20	69.48	40.19	57.84
有效磷	mg/kg	17.80	23.08	19.36	83.88
速效钾	mg/kg	172.00	211.51	145.70	68.89
缓效钾	mg/kg	1001.15	1038.00	397.05	38.25

（续表）

项目	单位	中位数	平均值	标准差	变异系数（%）
有效锰	mg/kg	6.30	7.95	6.65	83.68
有效硅	mg/kg	143.70	182.97	151.78	82.95
有效硫	mg/kg	119.70	398.01	699.78	175.82
有效钼	mg/kg	0.07	0.15	0.22	145.24
有效铜	mg/kg	1.49	3.58	5.86	163.81
有效铁	mg/kg	9.60	13.07	16.37	125.20
有效锌	mg/kg	0.60	0.78	0.87	111.55
有效硼	mg/kg	1.30	1.78	1.97	110.33

表 3-5　新疆耕地质量监测分级标准

项目	单位	分级标准				
		一级	二级	三级	四级	五级
有机质	g/kg	>25.0	20.0~25.0	15.0~20.0	10.0~15.0	≤10.0
全氮	g/kg	>1.50	1.00~1.50	0.75~1.00	0.50~0.75	≤0.50
碱解氮	mg/kg	>150	120~150	90~120	60~90	≤60
有效磷	mg/kg	>30.0	20.0~30.0	15.0~20.0	8.0~15.0	≤8.0
速效钾	mg/kg	>250	200~250	150~200	100~150	≤100
缓效钾	mg/kg	>1 200	1 000~1 200	800~1 000	600~800	≤600
有效硼	mg/kg	>2.00	1.50~2.00	1.00~1.50	0.50~1.00	≤0.50
有效钼	mg/kg	>0.20	0.15~0.20	0.10~0.15	0.05~0.10	≤0.05
有效硅	mg/kg	>250	150~250	100~150	50~100	≤50
有效铜	mg/kg	>2.00	1.50~2.00	1.00~1.50	0.50~1.00	≤0.50
有效铁	mg/kg	>20.0	15.0~20.0	10.0~15.0	5.0~10.0	≤5.0
有效锰	mg/kg	>15.0	10.0~15.0	5.0~10.0	3.0~5.0	≤3.0
有效锌	mg/kg	>2.00	1.50~2.00	1.00~1.50	0.50~1.00	≤0.50
有效硫	mg/kg	>50.0	30.0~50.0	15.0~30.0	10.0~15.0	≤10.0
pH 值		酸性 ≤6.5	中性 6.5~7.5	微碱性 7.5~8.5	碱性 8.5~9.5	强碱性 ≥9.5
总盐	g/kg	无 ≤2.5	轻度盐渍化 2.5~6.0	中度盐渍化 6.0~12.0	重度盐渍化 12.0~20.0	盐土 ≥20.0

第三节　数据库的建立

一、建库的内容与方法

（一）数据库建库的内容

数据库的建立主要包括空间数据库和属性数据库。

空间数据库包括道路、水系、采样点点位图、评价单元图、土壤图、行政区划图等。道路、水系通过土地利用现状图提取；土壤图通过扫描纸质土壤图件拼接校准后矢量化；评价单元图通过土地利用现状图、行政区划图、土壤图叠加形成；采样点点位图通过野外调查采样数据表中的经纬度坐标生成。

属性数据库包括土地利用现状图属性数据表、土壤样品分析化验结果数据表、土壤属性数据表、行政编码表、交通道路属性数据表等。通过分类整理后，以编码的形式进行管理。

（二）数据库建库的方法

耕地质量等级评价系统采用不同的数据模型，分别对属性数据和空间数据进行存储管理，属性数据采用关系数据模型，空间数据采用网状数据模型。

空间数据图层标识码是要素属性表中的一个关键字段，空间数据与属性数据以此字段形成关联，完成对地图的模拟。这种关联使两种数据模型联成一体，可以方便地从空间数据检索属性数据或者从属性数据检索空间数据。在进行空间数据和属性数据连接时，在 ArcMAP 环境下分别调入图层数据和属性数据表，利用关键字段将属性数据表链接到空间图层的属性表中，将属性数据表中的数据内容赋予图层数据表中。建立耕地质量等级评价数据库的工作流程见图 3-2。

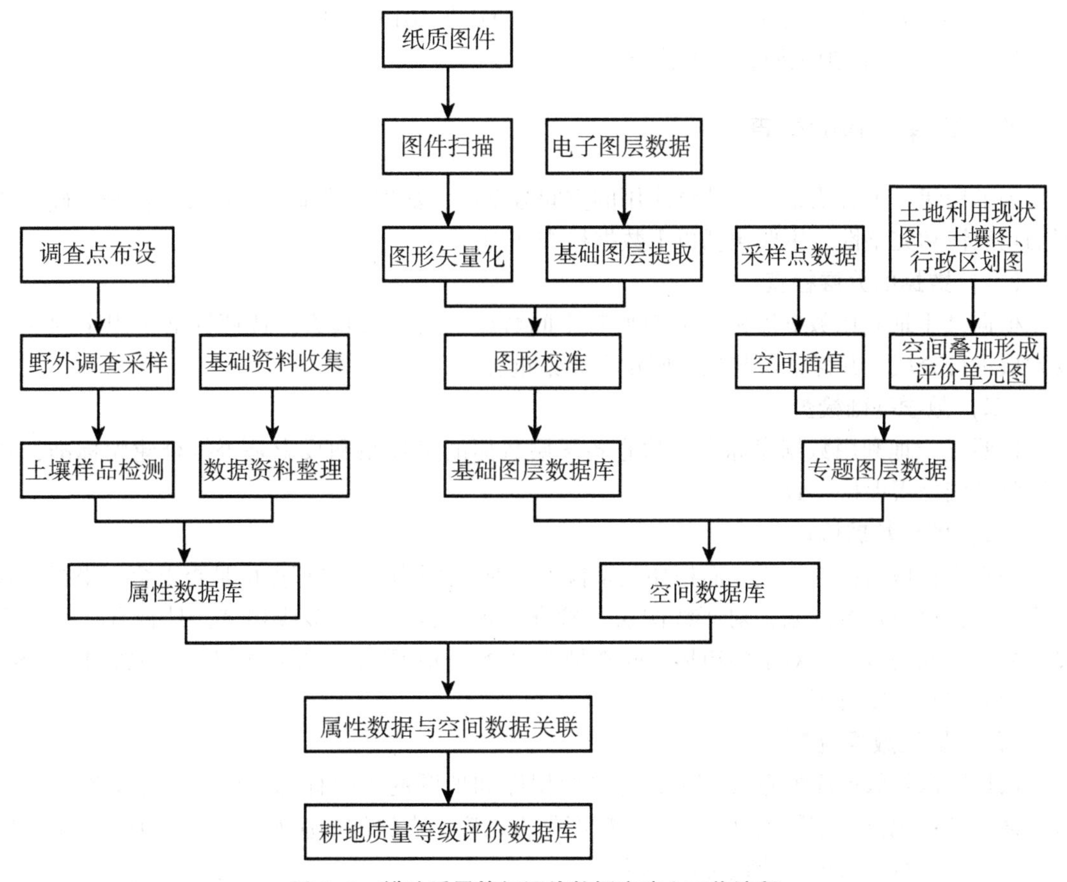

图 3-2　耕地质量等级评价数据库建立工作流程

二、建库的依据及平台

数据库建设主要是依据和参考全国耕地资源管理信息系统数据字典、耕地质量调查与评价技术规程，以及有关新疆汇总技术要求完成的。本次耕地质量评价工作建库工作采用 Arc-

GIS平台，对电子版、纸质版资料进行点、线、面文件的规范化处理和拓扑处理，空间数据库成果为点、线、面Shape格式的文件，属性数据库成果为Excel格式。最后将数据库资料导入区域耕地资源信息管理系统中运行，或在ArcGIS平台上运行。

三、建库的引用标准

1. 中华人民共和国行政区划代码　GB/T 2260—2007
2. 耕地质量等级　GB/T 33469—2016
3. 基础地理信息要素分类与代码　GB/T 13923—2006
4. 中国土壤分类与代码　GB/T 17296—2009
5. 国家基本比例尺地形图分幅与编号　GB/T 13989—2012
6. 县域耕地资源管理信息系统数据字典
7. 全球定位系统（GPS）测量规范　GB/T 18314—2009
8. 地球空间数据交换格式　GB/T 17798—1999
9. 土地利用数据库标准　TD/T 1016—2017
10. 第三次全国国土调查土地分类

四、建库资料的核查

为了构建一个有质量、可持续应用的空间数据库，数据入库前应进行质量检查，确保数据的正确性和完整性。主要包括以下数据检查处理。

（一）数据的分层检查

根据《土地利用数据库标准》对所有空间数据进行分层检查，按照标准中规定的三大要素层进行分层，并保证层与层之间没有要素重叠。

（二）数学基础检查

按照《土地利用数据库标准》检查各图层数据的坐标系和投影是否符合建库标准，各层数学基础是否保持一致。

（三）图形数据检查

检查内容包括：点、线、面拓扑关系检查。对于点图层，检查点位是否重合，坐标位置是否准确，权属是否清晰；对于线图层，检查是否有自相交、多线相交，是否有公共边重复、悬挂点或伪节点；对于多边形，检查是否闭合、标识码等属性是否唯一、图形中是否有需要合并的碎小图斑等。

（四）属性数据检查

属性数据是数据库的重要部分，它是数据库和地图的重要标志。检查属性文件是否完整，命名是否规范，字段类型、长度、精度是否正确，有错漏的应及时补上，确保各要素层属性结构完全符合数据库建设标准要求。

五、空间数据库建立

（一）空间数据库内容

空间数据库用来存储地图空间数据，主要包括土壤类型图、土地利用现状图、行政区划图、耕地质量调查评价点点位图、耕地质量评价等级图、土壤养分系列图等，见表3-6。

表 3-6　博州空间数据库主要图件

序号	成　果　图　名　称
1	博州土地利用现状图
2	博州行政区划图
3	博州土壤图
4	博州耕地质量调查点点位图
5	博州耕地质量评价等级图
6	博州土壤 pH 值分布图
7	博州总盐含量分布图
8	博州土壤有机质含量分布图
9	博州全氮含量分布图
10	博州碱解氮含量分布图
11	博州有效磷含量分布图
12	博州土壤速效钾含量分布图
13	其他要素分布图

（二）各地理要素图层的建立

考虑建库及相关图件编制的需要，将空间数据库图层分为以下 4 类：地理底图、点位图、土地利用现状图、养分图等专题图。

地理底图：按照空间数据库建设的分层原则，所有成果图的空间数据库均采用同一地理底图，即地理底图的要素主要有县级行政区划、县行政驻地、水系、交通道路、防风林等要素。

耕地养分、耕地质量等级评价等专题图，则是分别在地理底图的基础上增加了各专题要素。

（三）空间数据库分层

博州提供的地图分纸制图和电子画图两种，分别采用不同方式处理建立空间数据库。博州空间数据库分层数据内容见表 3-7。

表 3-7　耕地质量等级评价空间数据库分层数据

图层类型	序号	图层名	图层属性
本底基础图层	1	湖泊、水库、面状河流（lake）	多边形
	2	堤坝、渠道、线状河流（stream）	线
	3	等高线（contour）	线
	4	交通道路（traffic）	线
	5	行政界线（省、市、县、乡、村）（boundary）	线
	6	县、乡、村所在地（village）	点
	7	注记（annotate）	注记层

（续表）

图层类型	序号	图层名	图层属性
专题图层	8	土地利用现状（landuse）	多边形
	9	土壤图（soil）	多边形
	10	土壤养分图（pH 值、有机质、全氮等）（nutrient）	多边形
	11	耕地质量调查评价点点位图	点
辅助图层	12	卫星影像数据	Grid

（四）空间数据库比例尺、投影和空间坐标系

投影方式：高斯-克里格投影，6°分带。

坐标系：2000 国家大地坐标系。

高程系统：1985 国家高程基准。

文件格式：矢量图形文件 Shape，栅格图形文件 GRID，图像文件 JPG。

六、属性数据库建立

（一）属性数据库内容

属性数据库内容是参照县域耕地资源管理信息系统数据字典和有关专业的属性代码标准填写的。在全国耕地资源管理信息系统数据字典中属性数据库的数据项包括字段代码、字段名称、字段短名、英文名称、数据类型、数据来源、量纲、数据长度、小数位、取值范围、备注等内容。在数据字典中及有关专业标准中均有具体填写要求。属性数据库内容全部按照数据字典或有关专业标准要求填写。应用野外调查资料、室内分析资料、二次土壤普查、农业统计资料等相关数据资料进行筛选、审核、检查并录入构建属性数据库。

1. 野外调查资料

包括地形地貌、地形部位、土壤母质、土层厚度、耕层质地、质地构型、灌水能力、排水能力、林网化程度、清洁程度、障碍因素类型及位置和深度等。

2. 室内分析资料

包括 pH 值、总盐、有机质、全氮、碱解氮、有效磷、速效钾、有效锌、有效锰、有效铁、有效铜、有效硼、有效钼、有效硅、有效硫、交换性钙、交换性镁、重金属镉、铬、砷、汞、铅等。

3. 二次土壤普查资料

土壤名称编码表、土种属性数据表等。

4. 农业统计资料

县、乡、村编码表、行政界限属性数据等。

（二）属性数据库导入

属性数据库导入主要采用外挂数据库的方法进行。通过空间数据与属性数据的相同关键字段进行属性连接。在具体工作中，先在编辑或矢量化空间数据时，建立面要素层和点要素层的统一赋值 ID 号。在 Excel 表中第一列为 ID 号，其他列按照属性数据项格式内容填写，最后利用命令统一赋属性值。

（三）属性数据库格式

属性数据库前期存放在Excel表格中，后期通过外挂数据库的方法，在ArcGIS平台上与空间数据库进行连接。

第四节　耕地质量评价方法

依据《耕地质量调查监测与评价办法》和《耕地质量等级》国家标准，开展博州耕地质量等级评价。

一、评价的原理

耕地地力是由耕地土壤的地形地貌条件、成土母质特征、农田基础设施及培肥水平、土壤理化性状等综合因素构成的耕地生产能力。耕地质量等级评价是从农业生产角度出发，通过综合指数法对耕地地力、土壤健康状况和田间基础设施构成的满足农产品持续产出和质量安全的能力进行评价划分出等级。通过耕地质量等级评价可以掌握区域耕地质量状况及分布，摸清影响区域耕地生产的主要障碍因素，提出有针对性的对策措施与建议，对进一步加强耕地质量建设与管理，保障国家粮食安全和农产品有效供给具有十分重要的意义。

二、评价的原则与依据

（一）评价的原则

1. 综合因素研究与主导因素分析相结合原则

耕地是一个自然经济综合体，耕地地力也是各类要素的综合体现，因此对耕地质量等级的评价应涉及耕地自然、气候、管理等诸多要素。所谓综合因素研究是指对耕地土壤立地条件、气候因素、土壤理化性状、土壤管理、障碍因素等相关社会经济因素进行综合全面的研究、分析与评价，以全面了解耕地质量状况。主导因素是指对耕地质量等级起决定作用的、相对稳定的因子，在评价中应着重对其进行研究分析。只有把综合因素与主导因素结合起来，才能对耕地质量等级做出更加科学的评价。

2. 共性评价与专题研究相结合原则

评价区域耕地利用存在水浇地、林地等多种类型，土壤理化性状、环境条件、管理水平不一，因此，其耕地质量等级水平有较大的差异。一方面，考虑区域内耕地质量等级的系统性、可比性，应在不同的耕地利用方式下，选用统一的评价指标和标准，即耕地质量等级的评价不针对某一特定的利用方式。另一方面，为了解不同利用类型耕地质量等级状况及其内部的差异，将来可根据需要，对有代表性的主要类型耕地进行专题性深入研究。通过共性评价与专题研究相结合，可使评价和研究成果具有更大的应用价值。

3. 定量评价和定性评价相结合的原则

耕地系统是一个复杂的灰色系统，定量和定性要素共存，相互作用，相互影响。为了保证评价结果的客观合理，宜采用定量和定性评价相结合的方法。首先，应尽量采用定量评价方法，对可定量化的评价指标如有机质等养分含量、有效土层厚度等按其数值参与计算。对非数量化的定性指标如耕层质地、地形部位等则通过数学方法进行量化处理，确定其相应的指数，以尽量避免主观人为因素影响。在评价因素筛选、权重确定、隶属函数建立、质量等级划分等评价过程中，尽量采用定量化数学模型，在此基础上充分运用人工智能与专家知识，做到定量与定性相结合，从而保证评价结果准确合理。

4. 采用遥感和GIS技术的自动化评价方法原则

自动化、定量化的评价技术方法是当前耕地质量等级评价的重要方向之一。近年来，随着计算机技术，特别是GIS技术在耕地评价中的不断发展和应用，基于GIS技术进行自动定量化评价的方法已不断成熟，使评价精度和效率都大大提高。本次评价工作采用现势性的卫星遥感数据提取和更新耕地资源现状信息，通过数据库建立、评价模型与GIS空间叠加等分析模型的结合，实现了评价流程的全程数字化、自动化，在一定程度上代表了当前耕地评价的最新技术方向。

5. 可行性与实用性原则

从可行性角度出发，评价区域耕地质量评价的部分基础数据为区域内各项目县的耕地地力评价成果。应在核查区域内项目县耕地地力各类基础信息的基础上，最大程度利用项目县原有数据与图件信息，以提高评价工作效率。同时，为使区域评价成果与新疆评价成果有效衔接和对比，博州耕地质量汇总评价方法应与新疆耕地质量评价方法保持相对一致。从实用性角度出发，为确保评价结果科学准确，评价指标的选取应从大区域尺度出发，切实针对区域实际特点，体现评价实用目标，使评价成果在耕地资源的利用管理和粮食作物生产中发挥切实指导作用。

（二）评价的依据

耕地质量反映耕地本身的生产能力，因此耕地质量的评价应依据与此相关的各类自然和社会经济要素，具体包括3个方面：

1. 自然环境要素

指耕地所处的自然环境条件，主要包括耕地所处的地形地貌条件、水文地质条件、成土母质条件以及土地利用状况等。耕地所处的自然环境条件对耕地质量具有重要的影响。

2. 土壤理化性状要素

主要包括土壤剖面质地构型、障碍层次、耕层厚度、质地、容重等物理性状，有机质、氮、磷、钾等主要养分、中微量元素、土壤pH值、盐分含量、阳离子交换量等化学性状等。不同的耕地土壤理化性状，其耕地质量也存在较大的差异。

3. 农田基础设施与管理水平

包括耕地的灌排条件、水土保持工程建设、培肥管理条件、施肥水平等。良好的农田基础设施与较高的管理水平对耕地质量的提升具有重要的作用。

三、评价的流程

整个评价工作可分为3个方面，按先后次序分别如下。

1. 资料工具准备及评价数据库建立

根据评价的目的、任务、范围、方法，收集准备与评价有关的各类自然及社会经济资料，进行资料的分析处理。选择适宜的计算机硬件和GIS等分析软件，建立耕地质量等级评价基础数据库。

2. 耕地质量等级评价

划分评价单元，提取影响地力的关键因素并确定权重，选择相应评价方法，制定评价标准，确定耕地质量等级。

3. 评价结果分析

依据评价结果，统计各等级耕地面积，编制耕地质量等级分布图。分析耕地存在的主要障碍因素，提出耕地资源可持续利用的对策措施与建议。

评价具体工作流程如图 3-3 所示。

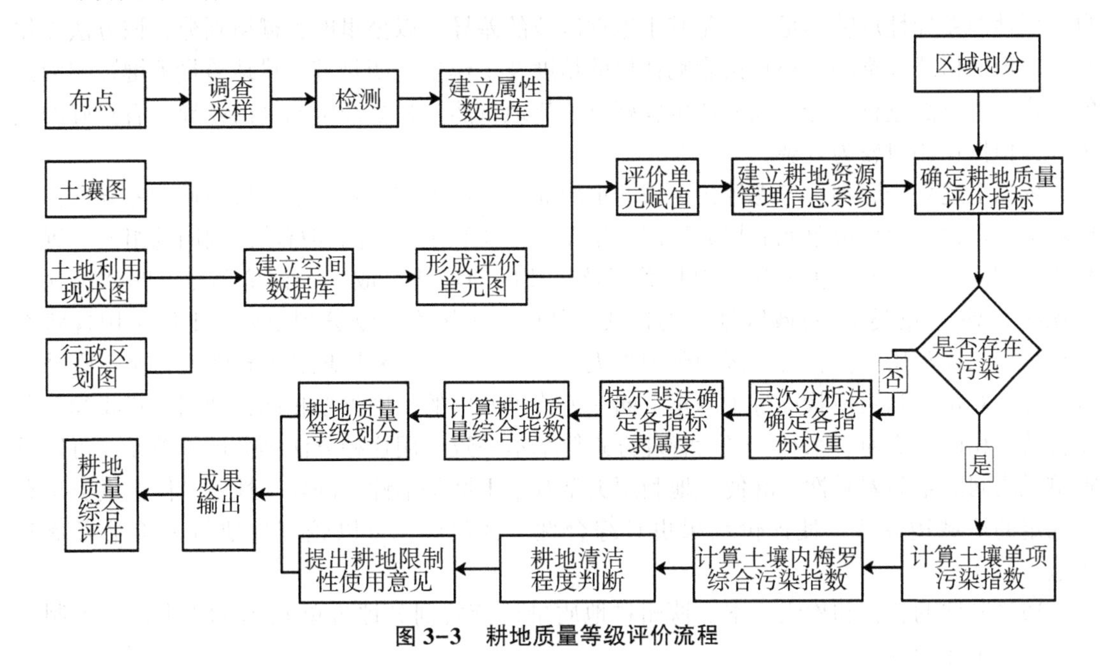

图 3-3　耕地质量等级评价流程

四、评价单元的确定

（一）评价单元的划分

评价单元是由对耕地质量具有关键影响的各要素组成的空间实体，是耕地质量评价的最基本单位、对象和基础图斑。同一评价单元内的耕地自然基本条件、个体属性和经济属性基本一致。不同评价单元之间，既有差异性，又有可比性。耕地质量评价就是要通过对每个评价单元的评价，确定其质量等级，把评价结果落实到实地和编绘的耕地质量等级分布图上。因此，评价单元划分得合理与否，直接关系到评价结果的正确性及工作量的大小。进行评价单元划分时应遵循以下原则。

1. 因素差异性原则

影响耕地质量的因素很多，但各因素的影响程度不尽相同。在某一区域内，有些因素对耕地质量起决定性影响，区域内变异较大；而另一些因素的影响较小，且指标值变化不大。因此，应结合实际情况，选择在区域内分异明显的主导因素作为划分评价单元的基础，如土壤条件、地貌特征、土地利用类型等。

2. 相似性原则

评价单元内部的自然因素、社会因素和经济因素应相对均一，单元内同一因素的分值差异应满足相似性统计检验。

3. 边界完整性原则

耕地质量评价单元要保证边界闭合，形成封闭的图斑，同时对面积过小的零碎图斑应进行适当归并。

目前，对耕地评价单元的划分尚无统一的方法，常见有以下几种类型。一是基于单一专题要素类型的划分，如以土壤类型、土地利用类型、地貌类型划分等。该方法相对简便有效，但在多因素均呈较大变异的情况下，其单元的代表性有一定偏差。二是基于行政区划单元的划分，以行政区划单元作为评价单元，便于对评价结果的行政区分析与管理，但对耕地自然属性的差异性反映不足。三是基于地理区位的差异，以公里网、栅格划分，该方法操作简单，但网格或栅格的大小直接影响评价的精度及工作量。四是基于耕地质量关键影响因素的组合叠置方法进行划分。该方法可较好反映耕地自然与社会经济属性的差异，有较好的代表性，但操作相对较为复杂。

依据上述划分原则，考虑评价区域的地域面积、耕地利用管理及土壤属性的差异性，本次耕地质量评价中评价单元的划分采用土壤图、土地利用现状图和行政区划图的组合叠置划分法，相同土壤单元、土地利用现状类型及行政区的地块组成一个评价单元，即“土地利用现状类型-土壤类型-行政区划”的格式。其中，土壤类型划分到土属，土地利用现状类型划分到二级利用类型，行政区划分到县级。为了保证土地利用现状的现势性，基于野外实地调查，对耕地利用现状进行了修正。同一评价单元内的土壤类型相同，利用方式相同，所属行政区相同，交通、水利、经营管理方式等基本一致。用这种方法划分评价单元，可以反映单元之间的空间差异性，既使土地利用类型有了土壤基本性质的均一性，又使土壤类型有了确定的地域边界线，使评价结果更具综合性、客观性，可以较容易地将评价结果落到实地。

通过图件的叠置和检索，本次博州耕地质量评价共划分评价单元 21 681 个，并编制形成了评价单元图。

（二）评价单元赋值

影响耕地质量的因子较多，如何准确地获取各评价单元评价信息是评价中的重要一环。因此，评价过程中舍弃了直接从键盘输入参评因子值的传统方式，而采取将评价单元与各专题图件叠加采集各参评因素的方法。具体的做法为：按唯一标识原则为评价单元编号；对各评价因子进行处理，生成评价信息空间数据库和属性数据库，对定性因素进行量化处理，对定量数据插值形成各评价因子专题图；将各评价因子的专题图分别与评价单元图进行叠加；以评价单元为依据，对叠加后形成的图形属性库进行“属性提取”操作，以评价单元为基本统计单位，按面积加权平均汇总各评价单元对应的所有评价因子的分值。

本次评价构建了由有效土层厚度、质地、质地构型、有机质、有效磷、速效钾、地形部位、土壤容重、生物多样性、农田林网化程度、清洁程度、障碍因素、灌溉能力、排水能力、盐渍化程度、地下水埋深 16 个参评因素组成的评价指标体系，将各因素赋值给评价单元的具体做法为：质地、质地构型和地形部位、地下水埋深 4 个因子均有各自的专题图，直接将专题图与评价单元图进行叠加获取相关数据；农田林网化、障碍因素、生物多样性和盐渍化程度 4 个定性因子，采用“以点代面”方法，将点位中的属性联入评价单元图；有机质、有效磷、速效钾、土壤容重和有效土层厚度 5 个定量因子，采用反距离加权空间插值法（IDW）等不同空间差值方法将点位数据转为栅格数据，再叠加到评价单元图上，运用区域统计功能获取相关属性；灌溉能力、排水能力、清洁程度 3 个定性因子，采用收集的博州灌排水统计表、重金属测试数据分析污染情况及地膜残留统计表来确定，将表中的属性关联评价单元图。

经过以上步骤，得到以评价单元为基本单位的评价信息库。单元图与相应的评价属性信息相连，为后续的耕地质量评价奠定了基础。

五、评价指标权重的确定

在耕地质量评价中，需要根据各参评因素对耕地质量的贡献确定权重。权重确定的方法很多，有定性方法和定量方法。综合目前常用方法的优缺点，层次分析法（AHP）同时融合了专家定性判读和定量方法的特点，是在定性方法基础上发展起来的定量确定参评因素权重的一种系统分析方法。这种方法可将人们的经验思维数量化，用以检验决策者判断的一致性，有利于实现定量化评价，是一种较为科学的权重确定方法。本次评价采用特尔斐（Delphi）法与层次分析法（AHP）相结合的方法来确定各参评因素的权重。首先采用 Delphi 法，由专家对评价指标及其重要性进行赋值。在此基础上，以层次分析法计算各指标权重。层次分析法的主要流程如下。

（一）建立层次结构

首先，以耕地质量作为目标层。其次，按照指标间的相关性、对耕地质量的影响程度及方式，将 16 个指标划分为 6 组作为准则层：第一组立地条件，包括地形部位、农田林网化程度；第二组剖面性状，包括有效土层厚度、质地构型、地下水埋深、障碍因素；第三组理化性状，包括质地、盐渍化程度、土壤容重；第四组土壤养分，包括有机质、有效磷和速效钾；第五组土壤健康状况，包括生物多样性、清洁程度；第六组土壤管理，包括灌溉能力、排水能力。最后，以准则层中的指标项目作为指标层。从而形成层次结构关系模型。

（二）构造判断矩阵

根据专家经验，确定 C 层（准则层）对 G 层（目标层），及 A 层（指标层）对 C 层（准则层）的相对重要程度，共构成 $\boldsymbol{A}$、$\boldsymbol{C}_1$、$\boldsymbol{C}_2$、$\boldsymbol{C}_3$、$\boldsymbol{C}_4$、$\boldsymbol{C}_5$、$\boldsymbol{C}_6$ 共 6 个判断矩阵。例如质地、盐渍化程度、土壤容重对第三组准则层的判断矩阵表示为：

$$\boldsymbol{C}_3=\begin{bmatrix} a_{11} & a_{12} & a_{13} \\ a_{21} & a_{22} & a_{23} \\ a_{31} & a_{32} & a_{33} \end{bmatrix}=\begin{bmatrix} 1.0000 & 0.8169 & 2.9000 \\ 1.2241 & 1.0000 & 3.5500 \\ 0.3448 & 0.2817 & 1.0000 \end{bmatrix}$$

其中，a_{ij}（i 为矩阵的行号，j 为矩阵的列号）表示对 $\boldsymbol{C}_3$ 而言，a_i 对 a_j 的相对重要性的数值。

（三）层次单排序及一致性检验

即求取 A 层对 C 层的权数值，可归结为计算判断矩阵的最大特征根对应的特征向量。利用 SPSS 等统计软件，得到各权数值及一致性检验的结果。见表 3-8。

表 3-8 权数值及一致性检验结果

矩阵	*CI*	*CR*
矩阵 $\boldsymbol{A}$	0	<0.1
矩阵 $\boldsymbol{C}_1$	0	<0.1
矩阵 $\boldsymbol{C}_2$	0	<0.1
矩阵 $\boldsymbol{C}_3$	$-2.0553E^{-7}$	<0.1
矩阵 $\boldsymbol{C}_4$	$2.0553E^{-7}$	<0.1

（续表）

矩阵	*CI*	*CR*
矩阵 C_5	0	<0.1
矩阵 C_6	0	<0.1

从表中可以看出，CR<0.1，具有很好的一致性。

（四）各因子权重确定

根据层次分析法的计算结果，同时结合专家经验进行适当调整，最终确定了博州耕地质量评价各参评因子的权重（表 3-9）。

表 3-9 博州耕地质量评价因子权重

指标	权重	指标	权重	指标	权重	指标	权重
有机质	0.0635	有效磷	0.0635	速效钾	0.0490	排水能力	0.0764
质地	0.0646	质地构型	0.0468	盐渍化程度	0.0788	灌溉能力	0.1471
有效土层厚度	0.0535	地下水埋深	0.0334	障碍因素	0.0368	农田林网化	0.0632
土壤容重	0.0354	地形部位	0.1184	生物多样性	0.0310	清洁程度	0.0388

六、评价指标的处理

获取的评价资料可以分为定量指标和定性指标两大类。为了采用定量化的评价方法和自动化的评价手段，减少人为因素的影响，需要对其中的定性指标进行量化处理，根据各指标对耕地质量影响的级别状况赋予其相应的分值或数值。此外，对于各类养分等按调查点位获取的数据，对其进行插值处理，生成各类养分专题图。

（一）定性指标的量化处理

1. 质地

考虑不同质地类型的土壤肥力特征，及其与种植农作物生长发育的关系，同时结合专家意见，赋予不同质地类别相应的分值（表 3-10）。

表 3-10 土壤质地的量化处理

项目	中壤	轻壤	重壤	砂壤	黏土	砂土
分值	100	90	80	70	50	40

2. 质地构型

考虑耕地的不同质地类型，根据土壤的紧实程度，赋予不同质地构型类别相应的分值（表 3-11）。

表 3-11 质地构型的量化处理

质地构型	薄层型	海绵型	夹层型	紧实型	上紧下松	上松下紧	松散型
分值	40	90	60	70	50	100	40

3. 地形部位

评价区域地形部位众多，空间变异较为复杂。通过对所有地形部位进行逐一分析和比较，根据不同地形部位的耕地质量状况，以及不同地形部位对农作物生长的影响，赋予各类型相应的分值（表3-12）。

表3-12 地形部位的量化处理

地形部位	平原低阶	平原中阶	宽谷盆地	山间盆地	平原高阶	丘陵下部	河滩地/扇缘（洼地）
分值	100	90	85	80	75	85	50
地形部位	丘陵中部	丘陵上部	山地坡下	山地坡中	山地坡上	沙漠边缘	扇间洼地
分值	70	50	75	60	40	30	60

4. 盐渍化程度

博州有部分耕地存在不同程度的盐渍化。根据土壤盐渍化对耕地质量和农作物生产的影响，将盐渍化程度划分为不同的等级，并对各等级进行赋值量化处理（表3-13）。

表3-13 土壤盐渍化程度的量化处理

盐渍化程度	无	轻度	中度	重度	盐土
分值	100	90	75	40	30

5. 灌溉能力

考虑博州灌溉能力的总体状况，根据灌溉能力对耕地质量的影响，按照灌溉能力对农作物生产的满足程度划分为不同的等级，并赋予其相应的分值进行量化处理（表3-14）。

表3-14 灌溉能力的量化处理

灌溉能力	充分满足	满足	基本满足	不满足
分值	100	80	60	40

6. 排水能力

考虑博州排水能力的总体状况，根据排水能力对耕地质量的影响，按照排水能力对农作物生产的满足程度划分为不同的等级，并赋予其相应的分值进行量化处理（表3-15）。

表3-15 排水能力的量化处理

排水能力	充分满足	满足	基本满足	不满足
分值	100	80	60	40

7. 障碍因素

根据中华人民共和国农业行业标准《全国中低产田类型划分与改良技术规范》（NY/T 310—1996），同时结合专家意见，赋予不同障碍因素相应的分值（表3-16）。

表 3-16 障碍因素的量化处理

障碍因素	瘠薄	沙化	无	盐碱	障碍层次	干旱灌溉型
分值	70	50	100	60	65	65

8. 生物多样性

考虑博州生物多样性的总体状况，根据生物多样性对耕地质量的影响，按照生物多样性对农作物生产的满足程度划分为不同的等级，并赋予其相应的分值进行量化处理（表 3-17）。

表 3-17 生物多样性的量化处理

生物多样性	丰富	一般	不丰富
分值	100	85	60

9. 农田林网化程度

考虑博州农田林带的总体状况，根据农田林带对耕地质量的影响，按照农田林网对农作物生产的满足程度划分为不同的等级，并赋予其相应的分值进行量化处理（表 3-18）。

表 3-18 农田林网化的量化处理

农田林网化程度	高	中	低
分值	100	85	70

10. 清洁程度

根据土壤重金属的监测结果，应用土壤内梅罗综合污染指数对博州土壤环境质量进行分级；统筹考虑博州农田地膜的清洁程度，根据农田地膜对耕地质量的影响，按照农田地膜残留量的程度划分为不同的等级；综合比较并赋予其相应的分值进行量化处理（表 3-19）。

表 3-19 清洁程度的量化处理

清洁程度	清洁	尚清洁
分值	100	85

（二）定量指标的赋值处理

有机质、有效磷、速效钾、土壤容重、有效土层厚度、地下水埋深均为定量指标，均用数值大小表示其指标状态。与定性指标的量化处理方法一样，应用 DELPHI 法划分各参评因素的实测值，根据各参评因素实测值对耕地质量及作物生长的影响进行评估，确定其相应的分值，为建立各因素隶属函数奠定基础（表 3-20）。

表 3-20 定量指标的赋值处理

评价因素	项目	数值											
有机质	含量（g/kg）	50	40	35	30	25	20	15	12	10	6	4	2
	分值	100	98	95	90	85	75	65	60	50	40	25	10

（续表）

评价因素	项目	数值												
有效磷	含量（mg/kg）	50	40	35	30	25	20	15	10	5				
	分值	100	98	95	90	80	75	60	35	20				
速效钾	含量（mg/kg）	400	300	250	200	180	150	120	100	80	50	20		
	分值	100	95	90	85	80	75	70	60	40	20	10		
土壤容重	含量（g/cm^3）	2	1.8	1.6	1.5	1.4	1.35	1.3	1.25	1.2	1.15	1.1	1	0.8
	分值	20	40	70	80	90	95	100	95	90	85	80	60	40

（三）评价指标隶属函数的确定

隶属函数的确定是评价过程的关键环节。评价过程需要在确定各评价因素隶属度的基础上，计算各评价单元分值，从而确定耕地质量等级。在定性和定量指标进行量化处理后，应用 DELPHI 法，评估各参评因素等级或实测值对耕地质量及作物生长的影响，确定其相应分值对应的隶属度。应用相关的统计分析软件，绘制这两组数值的散点图，并根据散点图进行曲线模拟，寻求参评因素等级或实际值与隶属度的关系方程，从而构建各参评因素隶属函数。各参评因素的分级、隶属度汇总情况见表 3-21。

表 3-21 参评因素的分级、分值及其隶属度

评价因素	项目	专家评估												
有机质	含量（g/kg）	50	40	35	30	25	20	15	12	10	6	4	2	
	隶属度	1	0.98	0.95	0.9	0.85	0.75	0.65	0.6	0.5	0.4	0.25	0.1	
有效磷	含量（mg/kg）	50	40	35	30	25	20	15	10	5				
	隶属度	1	0.98	0.95	0.9	0.8	0.75	0.6	0.35	0.2				
速效钾	含量（mg/kg）	400	300	250	200	180	150	120	100	80	50	20		
	隶属度	1	0.95	0.9	0.85	0.8	0.75	0.7	0.6	0.4	0.2	0.1		
土壤容重	含量（g/cm^3）	2	1.8	1.6	1.5	1.4	1.35	1.3	1.25	1.2	1.15	1.1	1	0.8
	隶属度	0.2	0.4	0.7	0.8	0.9	0.95	1	0.95	0.9	0.85	0.8	0.6	0.4
有效土层厚度	含量（cm）	>150	120	100	80	70	60	50	40	30	20	10		
	隶属度	1	0.97	0.95	0.85	0.75	0.65	0.6	0.5	0.3	0.2	0.1		
地下水埋深	含量（m）	80	50	30	20	10	5	3	2	1	0.5	0.1		
	隶属度	1	0.98	0.96	0.92	0.85	0.75	0.65	0.5	0.4	0.3	0.1		
质地	类型	中壤	轻壤	重壤	砂壤	黏土	砂土							
	隶属度	1.00	0.90	0.80	0.70	0.50	0.40							
灌溉能力	类型	充分满足	满足	基本满足	不满足									
	隶属度	1.00	0.80	0.60	0.40									
排水能力	类型	充分满足	满足	基本满足	不满足									
	隶属度	1.00	0.80	0.60	0.40									

（续表）

评价因素	项目	专家评估												
盐渍化程度	类型	无	轻度	中度	重度	盐土								
	隶属度	1.00	0.90	0.75	0.40	0.3								
质地构型	类型	上松下紧型	海绵型	紧实型	夹层型	上紧下松型	松散型	薄层型						
	隶属度	1.00	0.90	0.70	0.60	0.50	0.40	0.40						
地形部位	类型	平原低阶	平原中阶	宽谷盆地	丘陵下部	山间盆地	平原高阶	山地坡下	丘陵中部	山地坡中	丘陵上部	山地坡上	沙漠边缘	河滩地
	隶属度	1.00	0.90	0.85	0.85	0.80	0.75	0.75	0.70	0.60	0.50	0.40	0.30	0.5
地形部位	类型	扇缘	扇缘洼地	扇间洼地										
	隶属度	0.50	0.50	0.60										
障碍因素	类型	无	瘠薄	障碍层次	干旱灌溉型	盐碱	沙化							
	隶属度	1.00	0.70	0.65	0.65	0.60	0.50							
农田林网化	类型	高	中	低										
	隶属度	1.00	0.85	0.70										
生物多样性	类型	丰富	一般	不丰富										
	隶属度	1.00	0.85	0.60										
清洁程度	类型	清洁	尚清洁											
	隶属度	1.00	0.85											

表 3-22　参评定量因素类型及其隶属函数

函数类型	参评因素	隶属函数	a	c	U_1	U_2
戒上型	有机质（g/kg）	$Y=1/(1+a\times(x-c)^2)$	0.001245	39.976682	2	39
戒上型	速效钾（mg/kg）	$Y=1/(1+a\times(x-c)^2)$	0.000021	315.81289	20	315
戒上型	有效磷（mg/kg）	$Y=1/(1+a\times(x-c)^2)$	0.001293	41.023703	2	40
戒上型	地下水埋深（m）	$Y=1/(1+a\times(x-c)^2)$	0.000293	56.275087	0.1	50
戒上型	有效土层厚度（cm）	$Y=1/(1+a\times(x-c)^2)$	0.000089	149.66169	10	145
峰型	土壤容重	$Y=1/(1+a\times(x-c)^2)$	6.390020	1.3104880	0.5	2

七、耕地质量等级的确定

（一）计算耕地质量综合指数

用累加法确定耕地质量的综合指数，具体公式为：

$$\mathrm{IFI}=\sum(F_i\times C_i)\tag{3-1}$$

式中：IFI（integrated fertility index）代表耕地质量综合指数；F_i 为第 i 个因素的评语（隶属度）；C_i 为第 i 个因素的组合权重。

（二）确定最佳的耕地质量等级数目

在获取各评价单元耕地质量综合指数的基础上，选择累计频率曲线法进行耕地质量等级数目的确定。首先根据所有评价单元的综合指数，形成耕地质量综合指数分布曲线图，然后根据曲线斜率的突变点（拐点）来确定最高和最低等级的综合指数，中间二至九等地采用等距法划分。最终，将博州耕地质量划分为 10 个等级。各等级耕地质量综合指数见表 3-23，耕地质量综合指数分布曲线图见图 3-4。

表 3-23　博州耕地质量等级综合指数

IFI	>0. 8600	0. 8368～0. 8600	0. 8136～0. 8368	0. 7904～0. 8136	0. 7672～0. 7904
耕地质量等级	一等	二等	三等	四等	五等
IFI	0. 7440～0. 7672	0. 7208～0. 7440	0. 6976～0. 7208	0. 6744～0. 6976	<0. 6744
耕地质量等级	六等	七等	八等	九等	十等

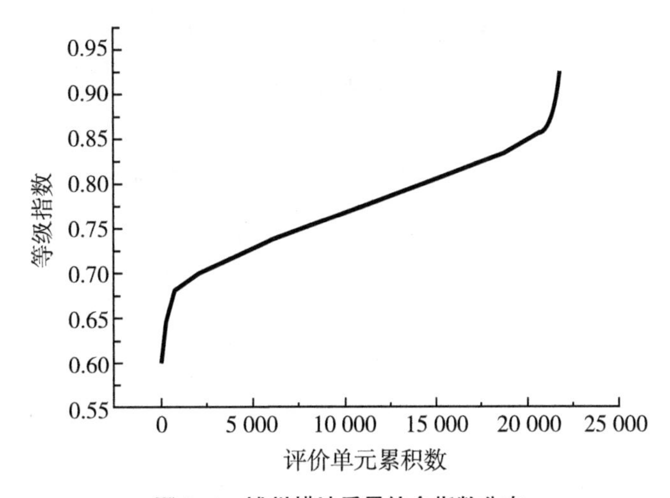

图 3-4　博州耕地质量综合指数分布

八、耕地质量等级图的编制

为了提高制图的效率和准确性，采用地理信息系统软件 ArcGIS 进行博州耕地质量等级图及相关专题图件的编绘处理。其步骤为：扫描并矢量化各类基础图件→编辑点、线→点、线校正处理→统一坐标系→区编辑并对其赋属性→根据属性赋颜色→根据属性加注记→图幅整饰→图件输出。在此基础上，利用软件空间分析功能，将评价单元图与其他图件进行叠加，从而生成其他专题图件。

（一）专题图地理要素底图的编制

专题图的地理要素内容是专题图的重要组成部分，用于反映专题内容的地理分布，也是图幅叠加处理等的重要依据。地理要素的选择应与专题内容相协调，考虑图面的负载量和清晰度，应选择评价区域内基本的、主要的地理要素。

以博州最新的土地利用现状图为基础，进行制图综合处理，选取的主要地理要素包括居民点、交通道路、水系、境界线等及其相应的注记，进而编辑生成与各专题图件要素相适应的地理要素底图。

（二）耕地质量等级图的编制

以耕地质量评价单元为基础，根据各单元的耕地质量评价等级结果，对相同等级的相邻评价单元进行归并处理，得到各耕地质量等级图斑。在此基础上，分 2 个层次进行耕地质量等级的表达：一是颜色表达，即赋予不同耕地质量等级以相应的颜色。二是代号表达，用阿拉伯数字 1、2、3、4、5、6、7、8、9、10 表示不同的耕地质量等级，并在评价图相应的耕地质量等级图斑上注明。将评价专题图与以上的地理要素底图复合，整饰获得博州耕地质量等级分布图（图 3-5）。

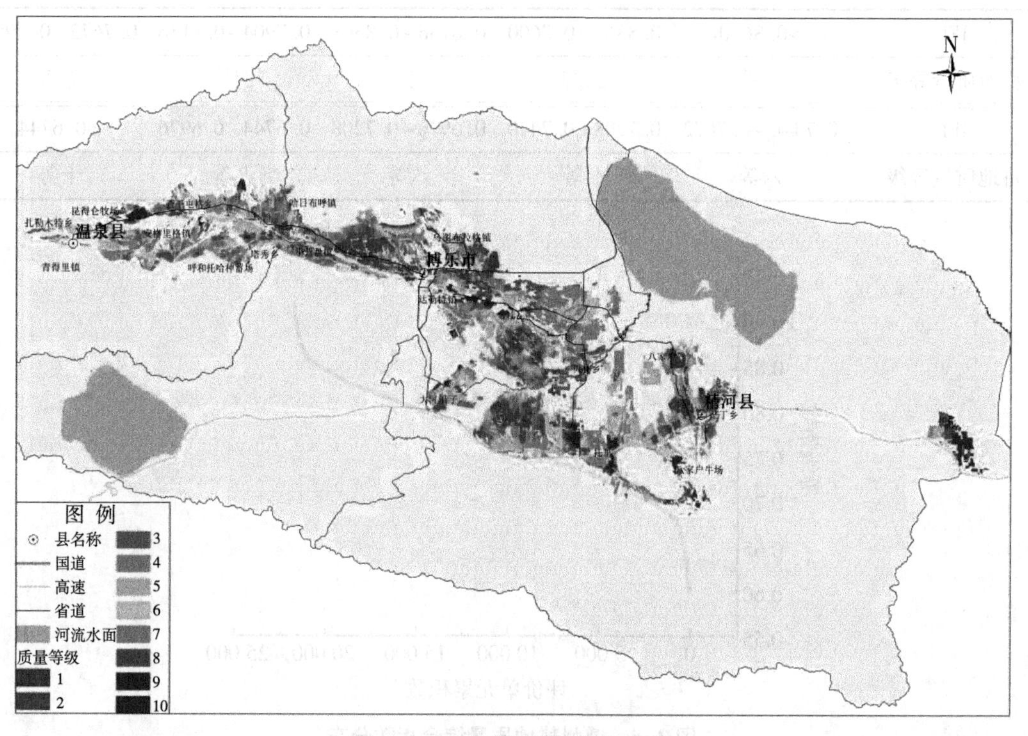

图 3-5　博州耕地质量等级分布

九、耕地清洁程度评价

（一）耕地环境质量评价方法

根据土壤的监测结果，通过综合污染指数进行评价，并对区域土壤环境质量进行分级、比较。综合评价指数的计算：

内梅罗（N. L. Nemerow）指数是一种兼顾极值或突出最大值的计权型多因子环境质量指数。其特别考虑了污染最严重的因子，内梅罗环境质量指数在加权过程中避免了权系数中主观因素的影响，是目前仍然应用较多的一种环境质量指数。

其基本计算公式：

$$P_N = \sqrt{\frac{(\overline{P_i}^2 + P_{i\max}^2)}{2}} \qquad (3\text{-}2)$$

式中：$\overline{P_i}$ 为各单因子环境质量指数的平均值，$P_{i\max}$ 为各单因子环境质量指数中最大值。

（二）耕地环境质量评价标准

依据《土壤环境质量》（GB 15618—2018）、《土壤环境监测技术规范》（HJ/T 166—2004）、《全国土壤污染状况评价技术规定》，以内罗梅指数法计算各监测点位的综合污染指数，并对其土壤环境质量进行分级评价，评价标准见表 3-24。

表 3-24　土壤环境质量分级标准

等级	综合污染指数（P_n）	污染等级
Ⅰ	$P_n \leq 0.7$	清洁
Ⅱ	$0.7 < P_n \leq 1.0$	尚清洁
Ⅲ	$1.0 < P_n \leq 2.0$	轻度污染
Ⅳ	$2.0 < P_n \leq 3.0$	中度污染
Ⅴ	$P_n > 3.0$	重度污染

十、评价结果的验证方法

为保证评价结果的科学合理，需要对评价形成的耕地质量等级分布等结果进行审核验证，使其符合实际，更好地指导农业生产与管理。具体采用以下方法进行耕地质量评价结果的验证。

（一）对比验证法

不同的耕地质量等级应与其相应的评价指标值相对应。高等级的耕地质量应体现较为优良的耕地理化性状，而低等级的耕地则会对应较劣的耕地理化性状。因此，可汇总分析评价结果中不同耕地质量等级对应的评价指标值，通过比较不同等级的指标差异，分析耕地质量评价结果的合理性。

以灌溉能力为例，一、二、三等地的灌溉能力以“充分满足”和“满足”为主，四、五、六等地以“满足”和“基本满足”为主，七至十等地则以“基本满足”和“不满足”为主。可见，评价结果与灌溉能力指标有较好的对应关系，说明评价结果较为合理（表 3-25）。

表 3-25　博州耕地质量各等级对应的灌溉能力占比情况　（%）

等级	充分满足	满足	基本满足	不满足	合计
1	30.99	68.96	0.05	—	100
2	16.83	82.86	0.31	—	100
3	11.01	87.93	1.06	—	100
4	13.78	81.36	4.86	—	100
5	11.24	70.84	17.91	0.01	100
6	2.89	39.29	56.32	1.50	100
7	0.45	29.65	68.37	1.53	100
8	—	22.60	67.92	9.48	100
9	—	13.49	67.00	19.51	100
10	—	3.69	23.49	72.82	100

（二）专家验证法

专家验证法也是判定耕地质量评价结果科学性的重要方法。应邀请熟悉区域情况及相关专业的专家，会同参与评价的专业人员，共同对属性数据赋值、等级划分、评价过程及评价结果进行系统的验证。

本次评价先后组织了自治区及博州的土壤学、土地资源学、地理信息系统、植物营养学、地理信息系统等领域的多位专家以及基层工作技术人员，召开多次专题会议，对评价结果进行验证，确保了评价结果符合博州耕地实际状况。

（三）实地验证法

以评价得到的耕地质量等级分布图为依据，随机或系统选取各等级耕地的验证样点，逐一到对应的评价地区实际地点进行调查分析，实地获取不同等级耕地的自然及社会经济信息指标数据，通过相应指标的差异，综合分析评价结果的科学合理性。

本次评价的实地验证工作在由博州农技推广中心负责组织人员展开。首先，根据各个等级耕地的空间分布状况，选取代表性的典型样点，各县（市）每一等级耕地选取15~20个样点，进行实地调查并查验相关的土壤理化性状指标。在此基础上，实地查看各样点的土地利用状况、地形部位、管理情况，以及土壤质地、耕层厚度、质地构型、障碍层类型等物理性状，调查近3年的作物产量、施肥、浇水等生产管理情况，查阅土壤有机质、有效磷、速效钾含量等化学性状，通过综合考虑实际土壤环境要素、土壤理化性状及其健康状况、施肥量、经济效益等相关信息，全面分析实地调查和化验分析数据与评价结果各等级耕地属性数据，验证评价结果是否符合实际情况。

表3-26 博州各等级耕地典型地块实地调查信息对照表

样点编号	评价等级	地点	地形部位	土壤类型	耕层质地	农田林网化程度	盐渍化程度	灌溉能力
1	一	博乐市	平原中阶	潮土	轻壤	高	无	充分满足
2	二	博乐市	平原中阶	潮土	轻壤	高	无	充分满足
3	三	精河市	平原中阶	棕钙土	中壤	高	无	充分满足
4	四	博乐市	平原低阶	灰漠土	中壤	中	轻度	满足
5	五	温泉县	平原高阶	潮土	轻壤	中	轻度	满足
6	六	精河县	平原低阶	草甸土	砂壤	中	轻度	满足
7	七	博乐市	山地坡下	棕钙土	中壤	低	轻度	基本满足
8	八	温泉县	山地坡下	棕钙土	中壤	低	中度	基本满足
9	九	精河县	平原低阶	风沙土	中壤	低	重度	不满足
10	十	温泉县	平原低阶	风沙土	砂土	低	重度	不满足

第五节 耕地土壤养分等专题图件编制方法

一、图件的编制步骤

对于土壤pH值、总盐、有机质、全氮、碱解氮、有效磷、速效钾、有效铁、有效锰、有效锌、有效铜、有效硼、有效钼、有效硅等养分数据，首先按照野外实际调查点进行整理，建立以调查点为记录、以各养分为字段的数据库。在此基础上，进行土壤采样样点图与分析数据库的连接，进而对各养分数据进行插值处理，形成插值图件。然后，按照相应的分级标准划分等级绘制土壤养分含量分布图。

二、图件的插值处理

本次绘制图件是将所有养分采样点数据输入 ArcGIS 软件，利用其空间分析模块功能对各样分数据进行插值，鉴于样点数量，本次插值采用反距离加权空间插值法（inverse distance to a power，IDW）进行，经编辑后得到养分含量分布图。反距离加权空间插值法又被称为“距离倒数乘方法”，它是一种加权平均内插法，该方法认为任何一个观测值都对邻近的区域有影响，且影响的大小随距离的增大而减小。在实际运算中，以插值点与样本点位间的距离为权重进行加权平均，离插值点越近的样本点赋予的权重越大，即距离样本点位越近，插值数据也就越接近点位实际数值。在 ArcGIS 中先插值生成博州养分栅格格式图件，再与评价单元图叠加，转换为矢量格式图件。

三、图件的清绘整饰

对于土壤有机质、pH 值、土壤大、中、微量元素含量分布等专题要素地图，按照各要素的不同分级分别赋予相应的颜色，标注相应的代号，生成专题图层。之后与地理要素底图复合，编辑处理生成相应的专题图件，并进行图幅的整饰处理。

第四章

耕地质量等级分析

第一节 耕地质量等级

一、博州耕地质量等级分布

依据《耕地质量等级》（GB/T 33469—2016），采用累加法计算耕地质量综合指数，形成耕地质量综合指数分布曲线，参考新疆耕地质量综合指数分级标准，将博州耕地质量等级从高到低依次划分为10个等级（表4-1）。

博州一等地耕地面积共9 327.64 hm^2，占博州耕地面积的4.97%，一等地在博州各县市均有分布。其中，博乐市5 381.12 hm^2，占该等级耕地面积的57.69%；精河县3 199.26 hm^2，占该等级耕地面积的34.30%；温泉县747.26 hm^2，占该等级耕地面积的8.01%。

博州二等地耕地面积共19 119.13 hm^2，占博州耕地面积的10.19%，二等地在博州各县市均有分布。其中，博乐市10 499.59 hm^2，占该等级耕地面积的54.92%；精河县6 270.41 hm^2，占该等级耕地面积的32.79%；温泉县2 349.13 hm^2，占该等级耕地面积的12.29%。

博州三等地耕地面积共20 037.81 hm^2，占博州耕地面积的10.68%，三等地在博州各县市均有分布。其中，博乐市10 407.38 hm^2，占该等级耕地面积的51.94%；精河县5 960.51 hm^2，占该等级耕地面积的29.75%；温泉县3 669.92 hm^2，占该等级耕地面积的18.31%。

博州四等地耕地面积共28 610.72 hm^2，占博州耕地面积的15.24%，四等地在博州各县市均有分布。其中，博乐市12 919.97 hm^2，占该等级耕地面积的45.16%；精河县8 863.45 hm^2，占该等级耕地面积的30.98%；温泉县6 827.30 hm^2，占该等级耕地面积的23.86%。

博州五等地耕地面积共38 322.45 hm^2，占博州耕地面积的20.42%，五等地在博州各县市均有分布。其中，博乐市13 748.22 hm^2，占该等级耕地面积的35.87%；精河县15 886.74 hm^2，占该等级耕地面积的41.46%；温泉县8 687.49 hm^2，占该等级耕地面积的22.67%。

博州六等地耕地面积共13 486.33 hm^2，占博州耕地面积的7.18%，六等地在博州各县市均有分布。其中，博乐市5 220.50 hm^2，占该等级耕地面积的38.71%；精河县4 275.27 hm^2，占该等级耕地面积的31.70%；温泉县3 990.56 hm^2，占该等级耕地面积的29.59%。

表 4-1 博州耕地质量等级分布

县市	一等地		二等地		三等地		四等地		五等地		六等地		七等地		八等地		九等地		十等地		合计	
	面积(hm^2)	占比(%)	面积(hm^2)	占比(%)	面积(hm^2)	占比(%)	面积(hm^2)	占比(%)	面积(hm^2)	占比(%)	面积(hm^2)	占比(%)	面积(hm^2)	占比(%)	面积(hm^2)	占比(%)	面积(hm^2)	占比(%)	面积(hm^2)	占比(%)	面积(hm^2)	占比(%)
博乐市	5 381.12	57.69	10 499.59	54.92	10 407.38	51.94	12 919.97	45.16	13 748.22	35.87	5 220.50	38.71	14 287.99	49.74	6 910.00	35.66	2 221.58	32.44	564.62	14.74	82 160.97	43.78
精河县	3 199.26	34.30	6 270.41	32.79	5 960.51	29.75	8 863.45	30.98	15 886.74	41.46	4 275.27	31.70	7 582.60	26.39	7 387.06	38.13	3 432.42	50.13	2 419.86	63.18	65 277.58	34.78
温泉县	747.26	8.01	2 349.13	12.29	3 669.92	18.31	6 827.30	23.86	8 687.49	22.67	3 990.56	29.59	6 858.53	23.87	5 077.48	26.21	1 193.57	17.43	845.80	22.08	40 247.04	21.44
总计	9 327.64	4.97	19 119.13	10.19	20 037.81	10.68	28 610.72	15.24	38 322.45	20.42	13 486.33	7.18	28 729.12	15.31	19 374.54	10.32	6 847.57	3.65	3 830.28	2.04	187 685.59	100.00

博州七等地耕地面积共 28 729. 12 hm²，占博州耕地面积的 15. 31%，七等地在博州各县市均有分布。其中，博乐市 14 287. 99 hm²，占该等级耕地面积的 49. 74%；精河县 7 582. 60 hm²，占该等级耕地面积的 26. 39%；温泉县 6 858. 53 hm²，占该等级耕地面积的 23. 87%。

博州八等地耕地面积共 19 374. 54 hm²，占博州耕地面积的 10. 32%，八等地在博州各县市均有分布。其中，博乐市 6 910. 00 hm²，占该等级耕地面积的 35. 66%；精河县 7 387. 06 hm²，占该等级耕地面积的 38. 13%；温泉县 5 077. 48 hm²，占该等级耕地面积的 26. 21%。

博州九等地耕地面积共 6 847. 57 hm²，占博州耕地面积的 3. 65%，九等地在博州各县市均有分布。其中，博乐市 2 221. 58 hm²，占该等级耕地面积的 32. 44%；精河县 3 432. 42 hm²，占该等级耕地面积的 50. 13%；温泉县 1 193. 57 hm²，占该等级耕地面积的 17. 43%。

博州十等地耕地面积共 3 830. 28 hm²，占博州耕地面积的 2. 04%，十等地在博州各县市均有分布。其中，博乐市 564. 62 hm²，占该等级耕地面积的 14. 74%；精河县 2 419. 86 hm²，占该等级耕地面积的 63. 18%；温泉县 845. 80 hm²，占该等级耕地面积的 22. 08%。

二、博州耕地质量高中低等级分布

将耕地质量的十等划分为高等、中等和低等 3 档，即一到三等地为高等，四到六等地为中等，七到十等地为低等（下同）。博州高等地面积为 48 484. 58 hm²，占地区耕地总面积的 25. 83%；中等地面积为 80 419. 50 hm²，占地区耕地总面积的 42. 85%；低等地面积为 58 781. 51 hm²，占地区耕地总面积的 31. 32%。详见表 4-2。

博州高等地分布的县市中，博乐市所占面积最大，为 26 288. 09 hm²，占博州高等地耕地面积的 54. 22%；温泉县所占面积最小，为 6 766. 31 hm²，占博州高等地耕地面积的 13. 96%。

博州中等地分布的县市中，博乐市所占面积最大，为 31 888. 69 hm²，占博州中等地耕地面积的 39. 65%；温泉县所占面积最小，为 19 505. 35 hm²，占博州中等地耕地面积的 24. 26%。

博州低等地分布的县市中，博乐市所占面积最大，为 23 984. 19 hm²，占博州低等地耕地面积的 40. 80%；温泉县所占面积最小，为 13 975. 38 hm²，占博州低等地耕地面积的 23. 78%。

表 4-2 博州耕地质量高中低等级分布

县市	高等		中等		低等		合计	
	面积（hm²）	占比（%）	面积（hm²）	占比（%）	面积（hm²）	占比（%）	面积（hm²）	占比（%）
博乐市	26 288. 09	54. 22	31 888. 69	39. 65	23 984. 19	40. 80	82 160. 97	43. 78
精河县	15 430. 18	31. 82	29 025. 46	36. 09	20 821. 94	35. 42	65 277. 58	34. 78
温泉县	6 766. 31	13. 96	19 505. 35	24. 26	13 975. 38	23. 78	40 247. 04	21. 44
总计	48 484. 58	25. 83	80 419. 50	42. 85	58 781. 51	31. 32	187 685. 59	100. 00

三、地形部位耕地质量高中低等级分布

博州高等地分布的地形部位中，平原中阶所占面积最大为 31 576. 36 hm^2，占博州高等地耕地面积的 65. 13%；丘陵下部所占面积最小为 5. 20 hm^2，占博州高等地耕地面积的 0. 01%；丘陵中部、沙漠边缘、山地坡中无高等地分布。

博州中等地分布的地形部位中，平原中阶所占面积最大为 47 911. 95 hm^2，占博州中等地耕地面积的 59. 58%；沙漠边缘所占面积最小为 23. 46 hm^2，占博州中等地耕地面积的 0. 03%。

博州低等地分布的地形部位中，平原中阶所占面积最大为 29 790. 13 hm^2，占博州低等地耕地面积的 50. 68%；山地坡下所占面积最小为 52. 16 hm^2，占博州低等地耕地面积的 0. 09%。

表 4-3　博州地形部位耕地质量高中低等级分布

地形部位	高等		中等		低等		合计	
	面积（hm^2）	占比（%）	面积（hm^2）	占比（%）	面积（hm^2）	占比（%）	面积（hm^2）	占比（%）
河滩地	16. 88	0. 03	33. 13	0. 04	330. 84	0. 56	380. 86	0. 20
平原高阶	1 549. 72	3. 20	12 899. 58	16. 04	19 797. 33	33. 68	34 246. 63	18. 25
平原中阶	31 576. 36	65. 13	47 911. 95	59. 58	29 790. 13	50. 68	109 278. 45	58. 22
平原低阶	13 860. 06	28. 59	13 757. 31	17. 11	2 236. 49	3. 80	29 853. 86	15. 91
丘陵中部	—	—	23. 66	0. 03	257. 44	0. 44	281. 10	0. 15
丘陵下部	5. 20	0. 01	180. 42	0. 22	145. 28	0. 25	330. 90	0. 18
山地坡上	1 440. 83	2. 97	5 265. 74	6. 55	4 419. 63	7. 52	11 126. 20	5. 93
山地坡中	—	—	200. 27	0. 25	251. 22	0. 43	451. 49	0. 24
山地坡下	35. 53	0. 07	123. 96	0. 15	52. 16	0. 09	211. 65	0. 11
沙漠边缘	—	—	23. 46	0. 03	1 500. 99	2. 55	1 524. 45	0. 81
总计	48 484. 58	25. 83	80 419. 50	42. 85	58 781. 51	31. 32	187 685. 59	100. 00

四、各县市耕地质量等级分布

由表 4-1 可知，博乐市七等地和五等地所占面积最大，合计 28 036. 21 hm^2，从一等地至十等地的面积分别为 5 381. 12 hm^2、10 499. 59 hm^2、10 407. 38 hm^2、12 919. 97 hm^2、13 748. 22 hm^2、5 220. 50 hm^2、14 287. 99 hm^2、6 910. 00 hm^2、2 221. 58 hm^2 和 564. 62 hm^2，分别占各等级面积的 57. 69%、54. 92%、51. 94%、45. 16%、35. 87%、38. 71%、49. 74%、35. 66%、32. 44%和 14. 74%。

精河县五等地和四等地所占面积最大，合计 24 750. 19 hm^2，从一等地至十等地的面积分别为 3 199. 26 hm^2、6 270. 41 hm^2、5 960. 51 hm^2、8 863. 45 hm^2、15 886. 74 hm^2、4 275. 27 hm^2、7 582. 60 hm^2、7 387. 06 hm^2、3 432. 42 hm^2 和 2 419. 86 hm^2，分别占各等级面积的 34. 30%、32. 79%、29. 75%、30. 98%、41. 46%、31. 70%、26. 39%、38. 13%、

50.13%和63.18%。

温泉县五等地和七等地所占面积最大，合计15 546.02 hm^2，从一等地至十等地的面积分别为747.26 hm^2、2 349.13 hm^2、3 669.92 hm^2、6 827.30 hm^2、8 687.49 hm^2、3 990.56 hm^2、6 858.53 hm^2、5 077.48 hm^2、1 193.57 hm^2和845.80 hm^2，分别占各等级面积的8.01%、12.29%、18.31%、23.86%、22.67%、29.59%、23.87%、26.21%、17.43%和22.08%。

五、主要土壤类型的耕地质量状况

博州耕地中，分布有潮土、棕钙土、灰漠土、草甸土等11个土类。不同土壤类型上耕地质量等级面积分布见表4-4。可以看出，博州耕地主要土壤类型依次为潮土、棕钙土、灰漠土、草甸土，占耕地面积的69.92%。

一等地中，潮土和沼泽土所占面积最大，合计4 943.67 hm^2，占比达53%。其次为草甸土、灌漠土、灰漠土，所占一等地面积比例分别为14.88%、14.38%、11.08%，而盐土、棕钙土、林灌草甸土、灰棕漠土有少量分布。

二等地中，潮土、灌漠土和灰漠土所占面积最大，合计11 886.18 hm^2，占比达62.17%。其次为草甸土、棕钙土、沼泽土，所占二等地面积比例分别为13.61%、13.31%、7.27%，而盐土、灰棕漠土、林灌草甸土有少量分布。

三等地中，潮土、灰漠土和灌漠土所占面积最大，合计11 273.76 hm^2，占比达56.26%。其次为草甸土、棕钙土、沼泽土、灰棕漠土，所占三等地面积比例分别为13.07%、12.67%、7.65%、6.06%，而盐土、林灌草甸土有少量分布。

四等地中，灰漠土、草甸土、棕钙土和潮土所占面积最大，合计21 058.86 hm^2，占比达73.60%。其次为灌漠土、沼泽土、灰棕漠土，所占四等地面积比例分别为11.54%、7.69%、5.42%，而盐土、漠境盐土有少量分布。

五等地中，棕钙土、潮土、灰漠土和草甸土所占面积最大，合计28 208.43 hm^2，占比达73.61%。其次为沼泽土、灰棕漠土、灌漠土，所占五等地面积比例分别为8.58%、6.49%、5.37%，而盐土、风沙土、漠境盐土、林灌草甸土有少量分布。

六等地中，棕钙土、灰漠土、潮土和灰棕漠土所占面积最大，合计9 650.77 hm^2，占比达71.56%。其次为盐土、草甸土、灌漠土，所占六等地面积比例分别为9.41%、9.32%、5.23%，而沼泽土、风沙土、林灌草甸土有少量分布。

七等地中，潮土、棕钙土和草甸土所占面积最大，合计19 187.90 hm^2，占比达66.79%。其次为灰漠土、盐土、沼泽土、灰棕漠土，所占七等地面积比例分别为7.95%、7.67%、6.45%、6.06%，而灌漠土、风沙土、漠境盐土、林灌草甸土有少量分布。

八等地中，灰棕漠土、灰漠土和棕钙土所占面积最大，合计14 068.69 hm^2，占比达72.61%。其次为草甸土、潮土、灌漠土、沼泽土，所占八等地面积比例分别为9.50%、7.36%、4.25%、4.11%，而林灌草甸土、盐土、风沙土有少量分布。

九等地中，灰漠土、灰棕漠土和草甸土所占面积最大，合计4 649.13 hm^2，占比达67.89%。其次为棕钙土、潮土、灌漠土、风沙土，所占九等地面积比例分别为10.29%、6.50%、5.47%、5.05%，而林灌草甸土、盐土、沼泽土有少量分布。

十等地中，草甸土、灌漠土和棕钙土所占面积最大，合计2 797.11 hm^2，占比达73.03%。其次为灰棕漠土、灰漠土、风沙土，所占十等地面积比例分别为9.27%、6.36%、5.44%，而潮土、林灌草甸土、沼泽土、盐土有少量分布。

表 4-4　主要土壤类型上耕地质量等级面积与比例

土壤类型	一等地		二等地		三等地		四等地		五等地		六等地		七等地		八等地		九等地		十等地		合计	
	面积（hm^2）	占比（%）	面积（hm^2）	占比（%）	面积（hm^2）	占比（%）	面积（hm^2）	占比（%）	面积（hm^2）	占比（%）	面积（hm^2）	占比（%）	面积（hm^2）	占比（%）	面积（hm^2）	占比（%）	面积（hm^2）	占比（%）	面积（hm^2）	占比（%）	面积（hm^2）	占比（%）
草甸土	1 387.91	14.88	2 602.58	13.61	2 618.38	13.07	5 969.43	20.86	6 142.15	16.03	1 256.95	9.32	3 615.10	12.58	1 840.23	9.50	1 001.07	14.62	1 709.32	44.63	28 143.12	14.99
潮土	2 963.02	31.77	5 047.30	26.40	4 571.34	22.81	4 025.77	14.07	6 462.80	16.86	2 195.35	16.28	7 822.18	27.23	1 426.66	7.36	444.84	6.50	145.80	3.81	35 105.06	18.70
风沙土	—	—	—	—	—	—	—	—	838.70	2.19	221.36	1.64	701.27	2.44	100.31	0.52	346.04	5.05	208.33	5.44	2 416.01	1.29
灌漠土	1 341.77	14.38	3 566.97	18.66	2 907.31	14.51	3 301.16	11.54	2 058.64	5.37	705.45	5.23	711.33	2.48	823.15	4.25	374.33	5.47	609.15	15.90	16 399.26	8.74
灰漠土	1 033.19	11.08	3 271.91	17.11	3 795.11	18.94	6 777.95	23.69	6 364.97	16.61	2 284.33	16.94	2 283.63	7.95	5 142.25	26.54	1 867.44	27.27	243.74	6.36	33 064.53	17.62
灰棕漠土	41.60	0.45	226.35	1.19	1 214.91	6.06	1 552.20	5.42	2 488.63	6.49	1 712.77	12.70	1 742.64	6.06	5 190.53	26.79	1 780.61	26.00	355.04	9.27	16 305.28	8.69
林灌草甸土	102.67	1.10	42.46	0.22	127.71	0.64	—	—	91.32	0.24	2.93	0.02	20.28	0.07	212.51	1.10	202.09	2.95	73.28	1.91	875.25	0.46
漠境盐土	—	—	—	—	—	—	16.19	0.06	502.22	1.31	—	—	26.37	0.09	—	—	—	—	—	—	544.78	0.29
盐土	289.30	3.10	426.76	2.23	731.00	3.65	482.79	1.69	844.95	2.21	1 268.46	9.41	2 203.61	7.67	106.51	0.55	102.15	1.49	0.66	0.02	6 456.18	3.44
沼泽土	1 980.65	21.23	1 389.75	7.27	1 534.05	7.65	2 199.52	7.69	3 289.56	8.58	380.41	2.82	1 852.09	6.45	796.49	4.11	24.34	0.36	6.32	0.16	13 453.18	7.17
棕钙土	187.53	2.01	2 545.05	13.31	2 538.00	12.67	4 285.71	14.98	9 238.51	24.11	3 458.32	25.64	7 750.62	26.98	3 735.90	19.28	704.66	10.29	478.64	12.50	34 922.94	18.61
总计	9 327.64	4.97	19 119.13	10.19	20 037.81	10.68	28 610.72	15.24	38 322.45	20.42	13 486.33	7.18	28 729.12	15.31	19 374.54	10.32	6 847.57	3.65	3 830.28	2.04	187 685.59	100.00

各土类耕地质量高、中、低等级分布见表4-5。博州耕地土壤以潮土、棕钙土、灰漠土和草甸土为主，占耕地面积的69.92%，因此以此4个土类进行重点描述。

潮土耕地质量以中、高等为主，低等最少。潮土中高等地耕地占25.95%，中等地耕地占15.77%，低等地耕地占16.74%。

棕钙土耕地质量以中等为主，低等次之，高等最少。棕钙土中高等地耕地占10.87%，中等地耕地占21.12%，低等地耕地占21.55%。

灰漠土耕地质量以中等为主，低等次之，高等最少。灰漠土中高等地耕地占16.71%，中等地耕地占19.18%，低等地耕地占16.22%。

草甸土耕地质量以中等为主，低等次之，高等最少。草甸土中高等地耕地占13.63%，中等地耕地占16.62%，低等地耕地占13.89%。

表4-5 各土壤类型耕地质量高中低等级分布

土壤类型	高等		中等		低等		合计	
	面积（hm^2）	占比（%）	面积（hm^2）	占比（%）	面积（hm^2）	占比（%）	面积（hm^2）	占比（%）
草甸土	6 608.87	13.63	13 368.53	16.62	8 165.73	13.89	28 143.12	14.99
潮土	12 581.66	25.95	12 683.92	15.77	9 839.48	16.74	35 105.06	18.70
风沙土	—	—	1 060.06	1.32	1 355.95	2.31	2 416.01	1.29
灌漠土	7 816.05	16.12	6 065.25	7.54	2 517.96	4.28	16 399.26	8.74
灰漠土	8 100.22	16.71	15 427.25	19.18	9 537.06	16.22	33 064.53	17.62
灰棕漠土	1 482.86	3.06	5 753.61	7.15	9 068.81	15.43	16 305.28	8.69
林灌草甸土	272.84	0.56	94.25	0.12	508.16	0.86	875.25	0.46
漠境盐土	—	—	518.41	0.65	26.37	0.05	544.78	0.29
盐土	1 447.06	2.98	2 596.19	3.23	2 412.93	4.11	6 456.18	3.44
沼泽土	4 904.45	10.12	5 869.49	7.30	2 679.24	4.56	13 453.18	7.17
棕钙土	5 270.57	10.87	16 982.54	21.12	12 669.82	21.55	34 922.94	18.61
总计	48 484.58	25.83	80 419.50	42.85	58 781.51	31.32	187 685.59	100.00

第二节 一等地耕地质量等级特征

一、一等地分布特征

（一）区域分布

博州一等地耕地面积9 327.64 hm^2，占博州耕地面积的4.97%。其中，博乐市5 381.12 hm^2，占博乐市耕地的6.55%；精河县3 199.26 hm^2，占精河县耕地的4.90%；温泉县747.26 hm^2，占温泉县耕地的1.86%。

表 4-6　各县市一等地面积及占辖区耕地面积的比例

县市	面积（hm^2）	比例（%）
博乐市	5 381.12	6.55
精河县	3 199.26	4.90
温泉县	747.26	1.86

3 个县市的一等地面积占各县市耕地面积的比例都在 10%以下。

（二）土壤类型

从土壤类型来看，博州一等地分布面积和比例最大的土壤类型分别是潮土和沼泽土，分别占一等地总面积的 31.77%和 21.23%，其次是草甸土、灌耕土、灰漠土等，其他土类分布面积较少。详见表 4-7。

表 4-7　不同土壤类型下一等地的面积与比例

土壤类型	面积（hm^2）	比例（%）
草甸土	1 387.91	14.88
潮土	2 963.02	31.77
灌漠土	1 341.78	14.38
灰漠土	1 033.19	11.08
灰棕漠土	41.60	0.45
林灌草甸土	102.67	1.10
盐土	289.30	3.10
沼泽土	1 980.65	21.23
棕钙土	187.53	2.01
合计	9 327.64	100.00

二、一等地属性特征

（一）地形部位

一等地的地形部位面积与比例见表 4-8。一等地在平原高阶有零星分布，面积为 4.76 hm^2，占一等地总面积的 0.05%；一等地在平原中阶分布最多，面积为 5 308.34 hm^2，占一等地总面积的 56.91%；一等地在平原低阶分布面积为 4 014.54 hm^2，占一等地总面积的 43.04%。

表 4-8　不同地形部位下一等地的面积与比例

地形部位	面积（hm^2）	比例（%）
平原高阶	4.76	0.05
平原中阶	5 308.34	56.91
平原低阶	4 014.54	43.04

（二）灌溉能力

一等地中，灌溉能力为充分满足的耕地面积为 2 890. 89 hm^2，占一等地面积的 30. 99%；灌溉能力为满足的耕地面积为 6 431. 92 hm^2，占一等地面积的 68. 96%；灌溉能力为基本满足的耕地面积为 4. 83 hm^2，占一等地面积的 0. 05%。

表 4-9　不同灌溉能力下一等地的面积与比例

灌溉能力	面积（hm^2）	比例（%）
充分满足	2 890. 89	30. 99
满足	6 431. 92	68. 96
基本满足	4. 83	0. 05

（三）耕层质地

耕层质地在博州一等地中的面积及占比见表 4-10。一等地中，耕层质地以中壤为主，面积达 7 332. 14 hm^2，占比为 78. 60%，其次是重壤，面积为 1 187. 88 hm^2，占比为 12. 74%，砂壤和轻壤所占比例较低。

表 4-10　不同耕层质地下一等地的面积与比例

耕层质地	面积（hm^2）	比例（%）
砂壤	272. 29	2. 92
轻壤	535. 33	5. 74
中壤	7 332. 14	78. 60
重壤	1 187. 88	12. 74
总计	9 327. 64	100. 00

（四）盐渍化程度

本次评价将盐渍化程度分为无盐渍化、轻度盐渍化、中度盐渍化、重度盐渍化和盐土 5 类。一等地的盐渍化程度见表 4-11。无盐渍化的耕地面积为 3 880. 67 hm^2，占一等地总面积的 41. 61%；轻度盐渍化的耕地面积为 43 14. 47 hm^2，占一等地总面积的 46. 25%；中度盐渍化的耕地面积为 1 113. 66 hm^2，占一等地总面积的 11. 94%；重度盐渍化的耕地面积为 18. 84 hm^2，占一等地总面积的 0. 20%。

表 4-11　不同盐渍化程度下一等地的面积与比例

盐渍化程度	面积（hm^2）	比例（%）
无	3 880. 67	41. 61
轻度	4 314. 47	46. 25
中度	1 113. 66	11. 94
重度	18. 84	0. 20
总计	9 327. 64	100. 00

（五）养分状况

对博州一等地耕层养分进行统计见表4-12。一等地的养分含量平均值分别为：有机质24.9 g/kg、全氮1.36 g/kg、碱解氮105.9 mg/kg、有效磷28.0 mg/kg、速效钾354 mg/kg、缓效钾1028 mg/kg、有效硼2.1 mg/kg、有效锌1.18 mg/kg、有效锰9.6 mg/kg、有效铁12.3 mg/kg、有效铜1.61 mg/kg、有效钼0.31 mg/kg、有效硫241.02 mg/kg、有效硅177.49 mg/kg、pH值为7.91、盐分3.2 g/kg。

对博州一等地中各县市的土壤养分含量平均值比较见表4-12，可以发现有机质含量精河县最高，为33.2 g/kg，温泉县最低，为22.6 g/kg；全氮含量精河县最高，为1.75 g/kg，温泉县最低，为1.18 g/kg；碱解氮含量精河县最高，为130.3 mg/kg，温泉县最低，为99.2 mg/kg；有效磷含量精河县最高，为35.1 mg/kg，温泉县最低，为20.3 mg/kg；速效钾含量博乐市最高，为394 mg/kg，温泉县最低，为208 mg/kg；缓效钾含量博乐市最高，为1124 mg/kg，精河县最低，为670 mg/kg；盐分含量精河县最高，为4.4 g/kg，温泉县最低，为1.1 g/kg。微量元素硼、钼、铜、铁、锰、锌的有效含量各有高低。

表4-12　一等地中各县市土壤养分含量平均值比较

养分项目	博乐市	精河县	温泉县	博州
有机质（g/kg）	23.3	33.2	22.6	24.9
全氮（g/kg）	1.30	1.75	1.18	1.36
碱解氮（mg/kg）	101.2	130.3	99.2	105.9
有效磷（mg/kg）	27.9	35.1	20.3	28.0
速效钾（mg/kg）	394	318	208	354
缓效钾（mg/kg）	1 124	670	991	1 028
有效硼（mg/kg）	2.0	2.7	1.5	2.1
有效锌（mg/kg）	1.35	0.94	0.63	1.18
有效锰（mg/kg）	10.4	7.9	7.8	9.6
有效铁（mg/kg）	13.8	8.1	9.9	12.3
有效铜（mg/kg）	1.81	1.10	1.26	1.61
有效钼（mg/kg）	0.29	0.51	0.19	0.31
有效硫（mg/kg）	146.41	556.95	318.06	241.02
有效硅（mg/kg）	176.35	160.96	202.72	177.49
pH值	7.92	7.88	7.91	7.91
盐分（g/kg）	3.4	4.4	1.1	3.2

一等地有机质含量为一级（>25.0g/kg）的面积为5 196.94 hm^2，占比55.71%；有机质含量为二级（20.0~25.0 g/kg）的面积为2 190.84 hm^2，占比23.49%；有机质含量为三级（15.0~20.0 g/kg）的面积为1 889.79 hm^2，占比20.26%；有机质含量为四级（10.0~15.0 g/kg）的面积为50.07 hm^2，占比0.54%；无有机质含量为五级（≤10.0 g/kg）的耕地。表明博州一等地有机质含量以高等为主，偏低的面积和比例较少。

一等地全氮含量为一级（>1.50 g/kg）的面积为3 872.58 hm^2，占比41.52%；全氮含量为二级（1.00~1.50 g/kg）的面积为4 912.78 hm^2，占比52.67%；全氮含量为三级

(0.75～1.00 g/kg) 的面积为 541.82 hm^2，占比 5.81%；全氮含量为四级（0.50～0.75 g/kg)的面积为 0.46 hm^2，占比约 0.005%；无全氮含量为五级（≤0.50 g/kg）的耕地。表明博州一等地全氮含量以高等偏上为主，偏下的面积和比例较少。

一等地碱解氮含量为一级（>150 mg/kg）的面积为 1 203.25 hm^2，占比 12.90%；碱解氮含量为二级（120～150 mg/kg）的面积为 2 427.76 hm^2，占比 26.03%；碱解氮含量为三级（90～120 mg/kg）的面积为 4 482.48 hm^2，占比 48.05%；碱解氮含量为四级（60～90 mg/kg）的面积为 1 181.96 hm^2，占比 12.67%；碱解氮含量为五级（≤60 mg/kg）的面积为 32.19 hm^2，占比 0.35%。表明博州一等地碱解氮含量以中等偏上为主，偏下的面积和比例较少。

一等地有效磷含量为一级（>30.0 mg/kg）的面积为 5 031.53 hm^2，占比 53.94%；有效磷含量为二级（20.0～30.0 mg/kg）的面积为 3 407.76 hm^2，占比 36.53%；有效磷含量为三级（15.0～20.0 mg/kg）的面积为 796.33 hm^2，占比 8.54%；有效磷含量为四级（8.0～15.0 mg/kg）的面积为 92.02 hm^2，占比 0.99%；无有效磷含量为五级（≤8.0 mg/kg）的耕地。表明博州一等地有效磷含量以高等为主，偏下的面积和比例较少。

一等地速效钾含量为一级（>250 mg/kg）的面积为 8 435.83 hm^2，占比 90.45%；速效钾含量为二级（200～250 mg/kg）的面积为 699.88 hm^2，占比 7.50%；速效钾含量为三级（150～200 mg/kg）的面积为 105.80 hm^2，占比 1.13%；速效钾含量为四级（100～150 mg/kg）的面积为 86.13 hm^2，占比 0.92%；无速效钾含量为五级（≤100 mg/kg）的耕地。表明博州一等地速效钾含量以高等为主，偏下的面积和比例较少。

表 4-13　一等地土壤养分各级别面积与比例

养分项目	一级		二级		三级		四级		五级	
	面积 (hm^2)	占比 (%)	面积 (hm^2)	占比 (%)	面积 (hm^2)	占比 (%)	面积 (hm^2)	占比 (%)	面积 (hm^2)	占比 (%)
有机质	5 196.94	55.71	2 190.84	23.49	1 889.79	20.26	50.07	0.54	—	—
全氮	3 872.58	41.52	4 912.78	52.67	541.82	5.81	0.46	0.005	—	—
碱解氮	1 203.25	12.90	2 427.76	26.03	4 482.48	48.05	1 181.96	12.67	32.19	0.35
有效磷	5 031.53	53.94	3 407.76	36.53	796.33	8.54	92.02	0.99	—	—
速效钾	8 435.83	90.45	699.88	7.50	105.80	1.13	86.13	0.92	—	—

第三节　二等地耕地质量等级特征

一、二等地分布特征

（一）区域分布

博州二等地耕地面积 19 119.13 hm^2，占博州耕地面积的 10.19%。其中，博乐市 10 499.59 hm^2，占博乐市耕地的 12.78%；精河县 6 270.41hm^2，占精河县耕地的 9.61%；温泉县 2 349.13hm^2，占温泉县耕地的 5.84%。

表 4-14 各县市二等地面积及占辖区耕地面积的比例

县市	面积（hm^2）	比例（%）
博乐市	10 499. 59	12. 78
精河县	6 270. 41	9. 61
温泉县	2 349. 13	5. 84

二等地面积占全县市耕地面积的比例在 10%~20%的有 1 个，为博乐市。二等地面积占全县市耕地面积的比例在 10%以下的有 2 个，分别是精河县和温泉县。

（二）土壤类型

从土壤类型来看，博州二等地分布面积和比例最大的土壤类型分别是潮土、灌漠土和灰漠土，分别占二等地总面积的 26. 40%、18. 66%和 17. 11%，其次是草甸土、棕钙土、沼泽土，其他土类分布面积较少。详见表 4-15。

表 4-15 二等地耕地主要土壤类型耕地面积与比例

土壤类型	面积（hm^2）	比例（%）
草甸土	2 602. 58	13. 61
潮土	5 047. 30	26. 40
灌漠土	3 566. 97	18. 66
灰漠土	3 271. 91	17. 11
灰棕漠土	226. 35	1. 19
林灌草甸土	42. 46	0. 22
盐土	426. 76	2. 23
沼泽土	1 389. 75	7. 27
棕钙土	2 545. 05	13. 31
合计	19 119. 13	100. 00

二、二等地属性特征

（一）地形部位

二等地的地形部位面积与比例见表 4-16。二等地在河滩地分布面积为 15. 95 hm^2，占二等地总面积的 0. 08%；二等地在平原高阶分布面积为 875. 59 hm^2，占二等地总面积的 4. 58%；二等地在平原中阶分布最多，面积为 13 046. 65 hm^2，占二等地总面积的 68. 24%；二等地在平原低阶分布面积为 4 455. 17 hm^2，占二等地总面积的 23. 30%；二等地在山地坡上分布面积为 725. 77 hm^2，占二等地总面积的 3. 80%。

表 4-16 二等地的地形部位面积与比例

地形部位	面积（hm^2）	比例（%）
河滩地	15. 95	0. 08
平原高阶	875. 59	4. 58

（续表）

地形部位	面积（hm^2）	比例（%）
平原中阶	13 046.65	68.24
平原低阶	4 455.17	23.30
山地坡上	725.77	3.80

（二）灌溉能力

二等地中，灌溉能力为充分满足的耕地面积为 3 217.02 hm^2，占二等地面积的 16.83%；灌溉能力为满足的耕地面积为 15 843.08 hm^2，占二等地面积的 82.86%；灌溉能力为基本满足的耕地面积为 59.03 hm^2，占二等地面积的 0.31%。

表 4-17　不同灌溉能力下二等地的面积与比例

灌溉能力	面积（hm^2）	比例（%）
充分满足	3 217.02	16.83
满足	15 843.08	82.86
基本满足	59.03	0.31

（三）耕层质地

耕层质地在博州二等地中的面积及占比见表 4-18。二等地中，耕层质地以中壤为主，面积达 13 409.03 hm^2，占比为 70.13%；其次是重壤，面积为 2 566.46 hm^2，占比为 13.42%；轻壤占二等地总面积的 10.17%；砂壤、砂土和黏土所占比例较低。

表 4-18　二等地与耕层质地

耕层质地	面积（hm^2）	比例（%）
砂土	70.98	0.37
砂壤	1 087.52	5.69
轻壤	1 943.71	10.17
中壤	13 409.03	70.13
重壤	2 566.46	13.42
黏土	41.43	0.22
总计	19 119.13	100.00

（四）盐渍化程度

二等地的盐渍化程度见表 4-19。无盐渍化的耕地面积为 7 441.99 hm^2，占二等地总面积的 38.92%；轻度盐渍化的耕地面积为 5 630.38 hm^2，占二等地总面积的 29.45%；中度盐渍化的耕地面积为 5 808.55 hm^2，占二等地总面积的 30.38%；重度盐渍化的耕地面积为 238.21 hm^2，占二等地总面积的 1.25%。

表 4-19 二等地的盐渍化程度

盐渍化程度	面积 (hm^2)	比例 (%)
无	7 441.99	38.92
轻度	5 630.38	29.45
中度	5 808.55	30.38
重度	238.21	1.25
总计	19 119.13	100.00

(五) 养分状况

对博州二等地耕层养分进行统计见表 4-20。二等地的养分含量平均值分别为：有机质 22.0 g/kg、全氮 1.21 g/kg、碱解氮 103.6 mg/kg、有效磷 27.6 mg/kg、速效钾 326 mg/kg、缓效钾 987 mg/kg、有效硼 2.4 mg/kg、有效锌 0.95 mg/kg、有效锰 8.7 mg/kg、有效铁 10.0 mg/kg、有效铜 1.43 mg/kg、有效钼 0.32 mg/kg、有效硫 304.32 mg/kg、有效硅 194.48 mg/kg、pH 值为 7.89、盐分 4.2 g/kg。

对博州二等地中各县市的土壤养分含量平均值比较见表 4-20，可以发现有机质含量精河县最高，为 25.1 g/kg，博乐市最低，为 20.9 g/kg；全氮含量精河县最高，为 1.39 g/kg，博乐市最低，为 1.16 g/kg；碱解氮含量精河县最高，为 113.4 mg/kg，温泉县最低，为 97.3 mg/kg；有效磷含量精河县最高，为 36.6 mg/kg，温泉县最低，为 22.9 mg/kg；速效钾含量博乐市最高，为 353 mg/kg，温泉县最低，为 193 mg/kg；缓效钾含量博乐市最高，为 1066 mg/kg，精河县最低，为 733 mg/kg；盐分含量精河县最高，为 5.2 g/kg，温泉县最低，为 1.2 g/kg。微量元素硼、钼、铜、铁、锰、锌的有效含量各有高低。

表 4-20 二等地中各县市土壤养分含量平均值比较

养分项目	博乐市	精河县	温泉县	博州
有机质 (g/kg)	20.9	25.1	23.0	22.0
全氮 (g/kg)	1.16	1.39	1.19	1.21
碱解氮 (mg/kg)	102.1	113.4	97.3	103.6
有效磷 (mg/kg)	26.0	36.6	22.9	27.6
速效钾 (mg/kg)	353	341	193	326
缓效钾 (mg/kg)	1 066	733	977	987
有效硼 (mg/kg)	2.5	2.7	1.4	2.4
有效锌 (mg/kg)	1.02	0.93	0.66	0.95
有效锰 (mg/kg)	8.8	8.6	8.2	8.7
有效铁 (mg/kg)	10.5	8.1	9.9	10.0
有效铜 (mg/kg)	1.57	1.13	1.20	1.43
有效钼 (mg/kg)	0.28	0.55	0.17	0.32
有效硫 (mg/kg)	247.86	533.56	249.85	304.32
有效硅 (mg/kg)	205.50	162.75	188.07	194.48
pH 值	7.89	7.90	7.91	7.89
盐分 (g/kg)	4.6	5.2	1.2	4.2

二等地有机质含量为一级（>25.0g/kg）的面积为 5 539.99 hm^2，占比 28.98%；有机质含量为二级（20.0~25.0 g/kg）的面积为 6 652.54 hm^2，占比 34.80%；有机质含量为三级（15.0~20.0 g/kg）的面积为 6 717.18 hm^2，占比 35.13%；有机质含量为四级（10.0~15.0 g/kg）的面积为 209.42 hm^2，占比 1.09%；无有机质含量为五级（≤10.0 g/kg）的耕地。表明博州二等地有机质含量以中等偏高为主，偏低的面积和比例较少。

二等地全氮含量为一级（>1.50 g/kg）的面积为 4 090.72 hm^2，占比 21.40%；全氮含量为二级（1.00~1.50 g/kg）的面积为 1 1191.05 hm^2，占比 58.53%；全氮含量为三级（0.75~1.00 g/kg）的面积为 3 722.22 hm^2，占比 19.47%；全氮含量为四级（0.50~0.75 g/kg）的面积为 115.14 hm^2，占比 0.60%；无全氮含量为五级（≤0.50 g/kg）的耕地。表明博州二等地全氮含量以高等为主，偏下的面积和比例较少。

二等地碱解氮含量为一级（>150 mg/kg）的面积为 1 482.87 hm^2，占比 7.76%；碱解氮含量为二级（120~150 mg/kg）的面积为 4 643.02 hm^2，占比 24.28%；碱解氮含量为三级（90~120 mg/kg）的面积为 8 420.13 hm^2，占比 44.04%；碱解氮含量为四级（60~90 mg/kg）的面积为 4 202.40 hm^2，占比 21.98%；碱解氮含量为五级（≤60 mg/kg）的面积为 370.71 hm^2，占比 1.94%。表明博州二等地碱解氮含量以中等为主，极高和极低的面积和比例较少。

二等地有效磷含量为一级（>30.0 mg/kg）的面积为 8 302.83 hm^2，占比 43.43%；有效磷含量为二级（20.0~30.0 mg/kg）的面积为 7 781.97 hm^2，占比 40.70%；有效磷含量为三级（15.0~20.0 mg/kg）的面积为 2 189.81 hm^2，占比 11.45%；有效磷含量为四级（8.0~15.0 mg/kg）的面积为 831.84 hm^2，占比 4.35%；有效磷含量为五级（≤8.0 mg/kg）的面积为 12.68 hm^2，占比 0.07%。表明博州二等地有效磷含量以高等为主，偏下的面积和比例较少。

二等地速效钾含量为一级（>250 mg/kg）的面积为 1 4674.07 hm^2，占比 76.75%；速效钾含量为二级（200~250 mg/kg）的面积为 2 451.81 hm^2，占比 12.82%；速效钾含量为三级（150~200 mg/kg）的面积为 1 263.04 hm^2，占比 6.61%；速效钾含量为四级（100~150 mg/kg）的面积为 642.80 hm^2，占比 3.36%；速效钾含量为五级（≤100 mg/kg）的面积为 87.41 hm^2，占比 0.46%。表明博州二等地速效钾含量以高等为主，偏下的面积和比例较少。

表 4-21 二等地土壤养分各级别面积与比例

养分项目	一级		二级		三级		四级		五级	
	面积（hm^2）	占比（%）	面积（hm^2）	占比（%）	面积（hm^2）	占比（%）	面积（hm^2）	占比（%）	面积（hm^2）	占比（%）
有机质	5 539.99	28.98	6 652.54	34.80	6 717.18	35.13	209.42	1.09	—	—
全氮	4 090.72	21.40	11 191.05	58.53	3 722.22	19.47	115.14	0.60	—	—
碱解氮	1 482.87	7.76	4 643.02	24.28	8 420.13	44.04	4 202.40	21.98	370.71	1.94
有效磷	8 302.83	43.43	7 781.97	40.70	2 189.81	11.45	831.84	4.35	12.68	0.07
速效钾	14 674.07	76.75	2 451.81	12.82	1 263.04	6.61	642.80	3.36	87.41	0.46

第四节 三等地耕地质量等级特征

一、三等地分布特征

（一）区域分布

博州三等地耕地面积 20 037.81 hm^2，占博州耕地面积的 10.68%。其中，博乐市 10 407.38 hm^2，占博乐市耕地的 12.67%；精河县 5 960.51 hm^2，占精河县耕地的 9.13%；温泉县 3 669.92 hm^2，占温泉县耕地的 9.12%。

表 4-22 各县市三等地面积及占辖区耕地面积的比例

县市	面积（hm^2）	比例（%）
博乐市	10 407.38	12.67
精河县	5 960.51	9.13
温泉县	3 669.92	9.12

三等地面积占全县市耕地面积的比例在 10%~20%的有 1 个，为博乐市。二等地面积占全县市耕地面积的比例在 10%以下的有 2 个，分别是精河县和温泉县。

（二）土壤类型

从土壤类型来看，博州三等地分布面积和比例最大的土壤类型分别是潮土、灰漠土，分别占三等地总面积的 22.81%、18.94%，其次是灌漠土、草甸土、棕钙土等，其他土类分布面积较少。详见表 4-23。

表 4-23 三等地耕地主要土壤类型耕地面积与比例

土壤类型	面积（hm^2）	比例（%）
草甸土	2 618.38	13.07
潮土	4 571.34	22.81
灌漠土	2 907.31	14.51
灰漠土	3 795.11	18.94
灰棕漠土	1 214.91	6.06
林灌草甸土	127.71	0.64
盐土	731.00	3.65
沼泽土	1 534.05	7.65
棕钙土	2 538.00	12.67
合计	20 037.81	100.00

二、三等地属性特征

（一）地形部位

三等地的地形部位面积与比例见表 4-24。三等地在平原中阶分布最多，面积为 13 221.37 hm^2，占三等地总面积的 65.98%；三等地在平原低阶分布面积为 5 390.36 hm^2，占三等地总面积的 26.90%；山地坡上、平原高阶、山地坡下、丘陵下部和河滩地在三等地的分布面积为 1 426.08 hm^2，占三等地总面积的 7.12%。

表 4-24　三等地的地形部位面积与比例

地形部位	面积（hm^2）	比例（%）
河滩地	0.93	0.005
平原高阶	669.37	3.34
平原中阶	13 221.37	65.98
平原低阶	5 390.36	26.90
丘陵下部	5.20	0.03
山地坡上	715.05	3.57
山地坡下	35.53	0.18

（二）灌溉能力

三等地中，灌溉能力为充分满足的耕地面积为 2 205.63 hm^2，占三等地面积的 11.01%；灌溉能力为满足的耕地面积为 17 619.98 hm^2，占三等地面积的 87.93%；灌溉能力为基本满足的耕地面积为 212.20 hm^2，占三等地面积的 1.06%。

表 4-25　不同灌溉能力下三等地的面积与比例

灌溉能力	面积（hm^2）	比例（%）
充分满足	2 205.63	11.01
满足	17 619.98	87.93
基本满足	212.20	1.06

（三）耕层质地

耕层质地在博州三等地中的面积及占比见表 4-26。三等地中，耕层质地以中壤为主，面积达 10 346.59 hm^2，占比为 51.64%；其次是砂壤、重壤、轻壤，面积占比分别为 15.38%、14.97%、14.60%；而黏土和砂土所占比例较低。

表 4-26　三等地与耕层质地

耕层质地	面积（hm^2）	比例（%）
砂土	531.93	2.65
砂壤	3 081.29	15.38
轻壤	2 926.08	14.60

（续表）

耕层质地	面积（hm^2）	比例（%）
中壤	10 346. 59	51. 64
重壤	2 999. 63	14. 97
黏土	152. 29	0. 76
总计	20 037. 81	100. 00

（四）盐渍化程度

三等地的盐渍化程度见表 4-27。无盐渍化的耕地面积为 7 922. 74 hm^2，占三等地总面积的 39. 53%；轻度盐渍化的耕地面积为 5 291. 74 hm^2，占三等地总面积的 26. 41%；中度盐渍化的耕地面积为 5 451. 52 hm^2，占三等地总面积的 27. 21%；重度盐渍化的耕地面积为 1 371. 81 hm^2，占三等地总面积的 6. 85%。

表 4-27 三等地的盐渍化程度

盐渍化程度	面积（hm^2）	比例（%）
无	7 922. 74	39. 53
轻度	5 291. 74	26. 41
中度	5 451. 52	27. 21
重度	1 371. 81	6. 85
总计	20 037. 81	100. 00

（五）养分状况

对博州三等地耕层养分进行统计见表 4-28。三等地的养分含量平均值分别为：有机质 21. 1 g/kg、全氮 1. 14 g/kg、碱解氮 101. 9 mg/kg、有效磷 28. 3 mg/kg、速效钾 309 mg/kg、缓效钾 1021 mg/kg、有效硼 2. 3 mg/kg、有效锌 0. 88 mg/kg、有效锰 8. 3 mg/kg、有效铁 9. 6 mg/kg、有效铜 1. 47 mg/kg、有效钼 0. 34 mg/kg、有效硫 395. 76 mg/kg、有效硅 221. 84 mg/kg、pH 值为 7. 86、盐分 5. 4 g/kg。

对博州三等地中各县市的土壤养分含量平均值比较见表 4-28，可以发现有机质含量精河县最高，为 23. 7 g/kg，博乐市最低，为 20. 3 g/kg；全氮含量精河县最高，为 1. 30 g/kg，博乐市最低，为 1. 11 g/kg；碱解氮含量精河县最高，为 109. 8 mg/kg，温泉县最低，为 91. 6 mg/kg；有效磷含量精河县最高，为 38. 0 mg/kg，温泉县最低，为 20. 2 mg/kg；速效钾含量博乐市最高，为 337 mg/kg，温泉县最低，为 154 mg/kg；缓效钾含量博乐市最高，为 1 091 mg/kg，精河县最低，为 758 mg/kg；盐分含量精河县最高，为 6. 9 g/kg，温泉县最低，为 1. 1 g/kg。微量元素硼、钼、铜、铁、锰、锌的有效含量各有高低。

表 4-28 三等地中各县市土壤养分含量平均值比较

养分项目	博乐市	精河县	温泉县	博州
有机质（g/kg）	20. 3	23. 7	21. 6	21. 1
全氮（g/kg）	1. 11	1. 30	1. 12	1. 14

（续表）

养分项目	博乐市	精河县	温泉县	博州
碱解氮（mg/kg）	101.9	109.8	91.6	101.9
有效磷（mg/kg）	27.5	38.0	20.2	28.3
速效钾（mg/kg）	337	323	154	309
缓效钾（mg/kg）	1 091	758	997	1 021
有效硼（mg/kg）	2.5	2.9	1.1	2.3
有效锌（mg/kg）	0.94	0.87	0.63	0.88
有效锰（mg/kg）	8.2	9.1	8.1	8.3
有效铁（mg/kg）	9.8	7.9	10.5	9.6
有效铜（mg/kg）	1.62	1.12	1.17	1.47
有效钼（mg/kg）	0.30	0.70	0.11	0.34
有效硫（mg/kg）	376.78	689.57	123.51	395.76
有效硅（mg/kg）	243.32	182.28	162.53	221.84
pH 值	7.87	7.83	7.86	7.86
盐分（g/kg）	5.9	6.9	1.1	5.4

三等地有机质含量为一级（>25.0 g/kg）的面积为 4 312.94 hm^2，占比 21.52%；有机质含量为二级（20.0~25.0 g/kg）的面积为 7407.91 hm^2，占比 36.97%；有机质含量为三级（15.0~20.0 g/kg）的面积为 7 659.41 hm^2，占比 38.23%；有机质含量为四级（10.0~15.0 g/kg）的面积为 657.55 hm^2，占比 3.28%；无有机质含量为五级（≤10.0g/kg）的耕地。表明博州三等地有机质含量以中等偏高为主，偏低的面积和比例较少。

三等地全氮含量为一级（>1.50 g/kg）的面积为 3 034.09 hm^2，占比 15.14%；全氮含量为二级（1.00~1.50 g/kg）的面积为 12 004.75 hm^2，占比 59.91%；全氮含量为三级（0.75~1.00 g/kg）的面积为 4 754.86 hm^2，占比 23.73%；全氮含量为四级（0.50~0.75 g/kg）的面积为 244.11 hm^2，占比 1.22%；无全氮含量为五级（≤0.50 g/kg）的耕地。表明博州三等地全氮含量以中高等为主，偏下的面积和比例较少。

三等地碱解氮含量为一级（>150 mg/kg）的面积为 836.75 hm^2，占比 4.18%；碱解氮含量为二级（120~150 mg/kg）的面积为 4 531.80 hm^2，占比 22.62%；碱解氮含量为三级（90~120 mg/kg）的面积为 7943.29 hm^2，占比 39.63%；碱解氮含量为四级（60~90 mg/kg）的面积为 6 553.83 hm^2，占比 32.71%；碱解氮含量为五级（≤60 mg/kg）的面积为 172.14 hm^2，占比 0.86%。表明博州三等地碱解氮含量以中等偏下为主，偏上的面积和比例较少。

三等地有效磷含量为一级（>30.0 mg/kg）的面积为 7 423.47 hm^2，占比 37.05%；有效磷含量为二级（20.0~30.0 mg/kg）的面积为 8276.49 hm^2，占比 41.30%；有效磷含量为三级（15.0~20.0 mg/kg）的面积为 3 623.26 hm^2，占比 18.08%；有效磷含量为四级（8.0~15.0 mg/kg）的面积为 714.59 hm^2，占比 3.57%；无有效磷含量为五级（≤8.0

mg/kg）的耕地。表明博州三等地有效磷含量以高等为主，偏低的面积和比例较少。

三等地速效钾含量为一级（>250 mg/kg）的面积为 13 154.27 hm^2，占比 65.65%；速效钾含量为二级（200~250 mg/kg）的面积为 2 415.41 hm^2，占比 12.05%；速效钾含量为三级（150~200 mg/kg）的面积为 2 267.96 hm^2，占比 11.32%；速效钾含量为四级（100~150 mg/kg）的面积为 2 181.15 hm^2，占比 10.89%；速效钾含量为五级（≤100 mg/kg）的面积为 19.02 hm^2，占比 0.09%。表明博州三等地速效钾含量以高等为主，中等偏低的面积和比例较少。

表 4-29　三等地土壤养分各级别面积与比例

养分项目	一级		二级		三级		四级		五级	
	面积（hm^2）	占比（%）	面积（hm^2）	占比（%）	面积（hm^2）	占比（%）	面积（hm^2）	占比（%）	面积（hm^2）	占比（%）
有机质	4 312.94	21.52	7 407.91	36.97	7 659.41	38.23	657.55	3.28	—	—
全氮	3 034.09	15.14	12 004.75	59.91	47 54.86	23.73	244.11	1.22	—	—
碱解氮	836.75	4.18	4 531.80	22.62	7 943.29	39.63	6 553.83	32.71	172.14	0.86
有效磷	7 423.47	37.05	8 276.49	41.30	3 623.26	18.08	714.59	3.57	—	—
速效钾	13 154.27	65.65	2 415.41	12.05	2 267.96	11.32	2 181.15	10.89	19.02	0.09

第五节　四等地耕地质量等级特征

一、四等地分布特征

（一）区域分布

博州四等地耕地面积 28 610.72 hm^2，占博州耕地面积的 15.24%。其中，博乐市 12 919.97 hm^2，占博乐市耕地的 15.73%；精河县 8 863.45 hm^2，占精河县耕地的 13.58%；温泉县 6 827.30 hm^2，占温泉县耕地的 16.96%。

表 4-30　各县市四等地面积及占辖区耕地面积的比例

县市	面积（hm^2）	比例（%）
博乐市	12 919.97	15.73
精河县	8 863.45	13.58
温泉县	6 827.30	16.96

四等地在各县市的分布差异不大，3 个县市的四等地面积占各县市耕地面积的比例都在 10%~20%。

（二）土壤类型

从土壤类型来看，博州四等地分布面积和比例最大的土壤类型分别是灰漠土和草甸土，分别占四等地总面积的 23.69%和 20.86%，其次是棕钙土、潮土、灌漠土、沼泽土和灰棕漠土，其他土类分布面积较少。详见表 4-31。

表 4-31 四等地耕地主要土壤类型耕地面积与比例

土壤类型	面积（hm^2）	比例（%）
草甸土	5 969. 43	20. 86
潮土	4 025. 77	14. 07
灌漠土	3 301. 16	11. 54
灰漠土	6 777. 95	23. 69
灰棕漠土	1 552. 20	5. 42
漠境盐土	16. 19	0. 06
盐土	482. 79	1. 69
沼泽土	2 199. 52	7. 69
棕钙土	4 285. 71	14. 98
合计	28 610. 72	100. 00

二、四等地属性特征

（一）地形部位

四等地的地形部位面积与比例见表 4-32。四等地在平原中阶分布最多，面积为 16 932. 66 hm^2，占四等地总面积的 59. 18%；四等地在平原低阶分布面积为 6 477. 60 hm^2，占四等地总面积的 22. 64%；四等地在平原高阶分布面积为 3 601. 79 hm^2，占四等地总面积的 12. 59%；四等地在山地坡上分布面积为 1 586. 38 hm^2，占四等地总面积的 5. 55%；四等地在丘陵下部、沙漠边缘、山地坡下有零星分布，仅占四等地总面积的 0. 04%。

表 4-32 四等地的地形部位面积与比例

地形部位	面积（hm^2）	比例（%）
平原高阶	3 601. 79	12. 59
平原中阶	16 932. 66	59. 18
平原低阶	6 477. 60	22. 64
丘陵下部	11. 32	0. 04
山地坡上	1 586. 38	5. 55
山地坡下	0. 03	0. 0001
沙漠边缘	0. 94	0. 003

（二）灌溉能力

四等地中，灌溉能力为充分满足的耕地面积为 3 941. 62 hm^2，占四等地面积的 13. 78%；灌溉能力为满足的耕地面积为 23 278. 64 hm^2，占四等地面积的 81. 36%；灌溉能力为基本满足的耕地面积为 1 390. 46 hm^2，占四等地面积的 4. 86%。

表 4-33　不同灌溉能力下四等地的面积与比例

灌溉能力	面积（hm^2）	比例（%）
充分满足	3 941.62	13.78
满足	23 278.64	81.36
基本满足	1 390.46	4.86

（三）耕层质地

耕层质地在博州四等地中的面积及占比见表 4-34。四等地中，耕层质地以中壤为主，面积达 10 647.63 hm^2，占比为 37.22%，其次是砂壤和轻壤，面积分别为 6 549.08 hm^2 和 6 297.99 hm^2，占比分别为 22.89%和 22.01%；重壤占四等地总面积的 14.22%，黏土和砂土所占比例较低。

表 4-34　四等地与耕层质地

耕层质地	面积（hm^2	比例（%）
砂土	678.10	2.37
砂壤	6 549.08	22.89
轻壤	6 297.99	22.01
中壤	1 0647.63	37.22
重壤	4 067.67	14.22
黏土	370.25	1.29
总计	28 610.72	100.00

（四）盐渍化程度

四等地的盐渍化程度见表 4-35。无盐渍化的耕地面积为 12 632.96 hm^2，占四等地总面积的 44.15%；轻度盐渍化的耕地面积为 7 451.83 hm^2，占四等地总面积的 26.05%；中度盐渍化的耕地面积为 4 745.52 hm^2，占四等地总面积的 16.59%；重度盐渍化的耕地面积为 3 750.59 hm^2，占四等地总面积的 13.11%；盐土的耕地面积为 29.82 hm^2，占四等地总面积的 0.10%。

表 4-35　四等地的盐渍化程度

盐渍化程度	面积（hm^2）	比例（%）
无	12 632.96	44.15
轻度	7 451.83	26.05
中度	4 745.52	16.59
重度	3 750.59	13.11
盐土	29.82	0.10
总计	28 610.72	100.00

（五）养分状况

对博州四等地耕层养分进行统计见表 4-36。四等地的养分含量平均值分别为：有机质

21.9 g/kg、全氮 1.17 g/kg、碱解氮 102.4 mg/kg、有效磷 31.3 mg/kg、速效钾 294 mg/kg、缓效钾 981 mg/kg、有效硼 2.3 mg/kg、有效锌 0.87 mg/kg、有效锰 8.4 mg/kg、有效铁 9.3 mg/kg、有效铜 1.37 mg/kg、有效钼 0.36 mg/kg、有效硫 450.65 mg/kg、有效硅 211.38 mg/kg、pH 值为 7.85、盐分 5.5 g/kg。

对博州四等地中各县市的土壤养分含量平均值比较见表 4-36，可以发现有机质含量精河县最高，为 26.3 g/kg，博乐市最低，为 20.2 g/kg；全氮含量精河县最高，为 1.40 g/kg，温泉县最低，为 1.08 g/kg；碱解氮含量精河县最高，为 112.9 mg/kg，温泉县最低，为 88.0 mg/kg；有效磷含量精河县最高，为 44.3 mg/kg，温泉县最低，为 19.4 mg/kg；速效钾含量精河县最高，为 331 mg/kg，温泉县最低，为 149 mg/kg；缓效钾含量博乐市最高，为 1085 mg/kg，精河县最低，为 757 mg/kg；盐分含量精河县最高，为 6.6 g/kg，温泉县最低，为 1.0 g/kg。微量元素硼、钼、铜、铁、锰、锌的有效含量各有高低。

表 4-36　四等地中各县市土壤养分含量平均值比较

养分项目	博乐市	精河县	温泉县	博州
有机质（g/kg）	20.2	26.3	20.8	21.9
全氮（g/kg）	1.10	1.40	1.08	1.17
碱解氮（mg/kg）	102.0	112.9	88.0	102.4
有效磷（mg/kg）	29.2	44.3	19.4	31.3
速效钾（mg/kg）	321	331	149	294
缓效钾（mg/kg）	1 085	757	966	981
有效硼（mg/kg）	2.4	2.8	1.2	2.3
有效锌（mg/kg）	0.91	0.90	0.67	0.87
有效锰（mg/kg）	8.1	8.9	8.5	8.4
有效铁（mg/kg）	9.7	7.8	10.1	9.3
有效铜（mg/kg）	1.50	1.25	1.14	1.37
有效钼（mg/kg）	0.33	0.57	0.15	0.36
有效硫（mg/kg）	390.80	765.65	185.23	450.65
有效硅（mg/kg）	229.03	197.16	173.98	211.38
pH 值	7.84	7.84	7.89	7.85
盐分（g/kg）	6.4	6.6	1.0	5.5

四等地有机质含量为一级（>25.0 g/kg）的面积为 4 469.34 hm^2，占比 15.62%；有机质含量为二级（20.0~25.0 g/kg）的面积为 9 632.43 hm^2，占比 33.67%；有机质含量为三级（15.0~20.0 g/kg）的面积为 13 402.47 hm^2，占比 46.84%；有机质含量为四级（10.0~15.0 g/kg）的面积为 1 106.48 hm^2，占比 3.87%；无有机质含量为五级（≤10.0 g/kg）的耕地。表明博州四等地有机质含量以中等偏高为主，偏低的面积和比例较少。

四等地全氮含量为一级（>1.50 g/kg）的面积为 2 742.00 hm^2，占比 9.58%；全氮含量为二级（1.00~1.50 g/kg）的面积为 16 101.78 hm^2，占比 56.28%；全氮含量为三级

（0.75～1.00 g/kg）的面积为 9 204.66 hm^2，占比 32.17%；全氮含量为四级（0.50～0.75 g/kg）的面积为 562.28 hm^2，占比 1.97%；无全氮含量为五级（≤0.50 g/kg）的耕地。表明博州四等地全氮含量以中高等为主，偏下的面积和比例较少。

四等地碱解氮含量为一级（>150 mg/kg）的面积为 1 735.49 hm^2，占比 6.07%；碱解氮含量为二级（120～150 mg/kg）的面积为 4 334.03 hm^2，占比 15.15%；碱解氮含量为三级（90～120 mg/kg）的面积为 11 539.79 hm^2，占比 40.33%；碱解氮含量为四级（60～90 mg/kg）的面积为 10 758.91 hm^2，占比 37.60%；碱解氮含量为五级（≤60 mg/kg）的面积为 242.50 hm^2，占比 0.85%。表明博州四等地碱解氮含量以中等偏下为主，偏上的面积和比例较少。

四等地有效磷含量为一级（>30.0 mg/kg）的面积为 9 226.54 hm^2，占比 32.24%；有效磷含量为二级（20.0～30.0 mg/kg）的面积为 11 757.68 hm^2，占比 41.10%；有效磷含量为三级（15.0～20.0 mg/kg）的面积为 5 643.57 hm^2，占比 19.73%；有效磷含量为四级（8.0～15.0 mg/kg）的面积为 1 982.93 hm^2，占比 6.93%；无有效磷含量为五级（≤8.0 mg/kg）的耕地。表明博州四等地有效磷含量以高等为主，偏低的面积和比例较少。

四等地速效钾含量为一级（>250 mg/kg）的面积为 12 639.00 hm^2，占比 44.18%；速效钾含量为二级（200～250 mg/kg）的面积为 5 816.70 hm^2，占比 20.33%；速效钾含量为三级（150～200 mg/kg）的面积为 4 400.59 hm^2，占比 15.38%；速效钾含量为四级（100～150 mg/kg）的面积为 5 058.73 hm^2，占比 17.68%；速效钾含量为五级（≤100 mg/kg）的面积为 695.70 hm^2，占比 2.43%。表明博州四等地速效钾含量以高等为主，但中等偏低的面积和比例也较多。

表 4-37　四等地土壤养分各级别面积与比例

养分项目	一级		二级		三级		四级		五级	
	面积（hm^2）	占比（%）	面积（hm^2）	占比（%）	面积（hm^2）	占比（%）	面积（hm^2）	占比（%）	面积（hm^2）	占比（%）
有机质	4 469.34	15.62	9 632.43	33.67	13 402.47	46.84	1 106.48	3.87	—	—
全氮	2 742.00	9.58	16 101.78	56.28	9 204.66	32.17	562.28	1.97	—	—
碱解氮	1 735.49	6.07	4 334.03	15.15	11 539.79	40.33	10 758.91	37.60	242.50	0.85
有效磷	9 226.54	32.24	11 757.68	41.10	5 643.57	19.73	1 982.93	6.93	—	—
速效钾	12 639.00	44.18	5 816.70	20.33	4 400.59	15.38	5 058.73	17.68	695.70	2.43

第六节　五等地耕地质量等级特征

一、五等地分布特征

（一）区域分布

博州五等地耕地面积 38 322.45 hm^2，占博州耕地面积的 20.42%。其中，博乐市 13 748.22 hm^2，占博乐市耕地的 16.73%；精河县 15 886.74 hm^2，占精河县耕地的

24.34%；温泉县 8 687.49 hm^2，占温泉县耕地的 21.59%。

表 4-38 各县市五等地面积及占辖区耕地面积的比例

县市	面积（hm^2）	比例（%）
博乐市	13 748.22	16.73
精河县	15 886.74	24.34
温泉县	8 687.49	21.59

五等地面积占全县市耕地面积的比例在 20%~30%的有 2 个，为精河县和温泉县。

五等地面积占全县市耕地面积的比例在 10%~20%的有 1 个，为博乐市。

（二）土壤类型

从土壤类型来看，博州五等地分布面积和比例最大的土壤类型分别是棕钙土、潮土、灰漠土和草甸土，分别占五等地总面积的 24.11%、16.86%、16.61%和 16.03%，其次是沼泽土、灰棕漠土和灌漠土，其他土类分布面积较少。详见表 4-39。

表 4-39 五等地耕地主要土壤类型耕地面积与比例

土壤类型	面积（hm^2）	比例（%）
草甸土	6 142.15	16.03
潮土	6 462.80	16.86
风沙土	838.70	2.19
灌漠土	2 058.64	5.37
灰漠土	6 364.97	16.61
灰棕漠土	2 488.63	6.49
林灌草甸土	91.32	0.24
漠境盐土	502.22	1.31
盐土	844.95	2.21
沼泽土	3 289.56	8.58
棕钙土	9 238.51	24.11
合计	38 322.45	100.00

二、五等地属性特征

（一）地形部位

五等地的地形部位面积与比例见表 4-40。五等地在平原中阶分布最多，面积为 23 149.23 hm^2，占五等地总面积的 60.41%；五等地在平原高阶分布面积为 6 239.25 hm^2，占五等地总面积的 16.28%；五等地在平原低阶分布面积为 6 079.21 hm^2，占五等地总面积的 15.86%；五等地在山地坡上分布面积为 2 581.15 hm^2，占五等地总面积的 6.74%；五等地在山地坡中、山地坡下、丘陵中部、沙漠边缘、河滩地、丘陵下部有零星分布。

表 4-40 五等地的地形部位面积与比例

地形部位	面积（hm^2）	比例（%）
河滩地	8. 33	0. 02
平原高阶	6 239. 25	16. 28
平原中阶	23 149. 23	60. 41
平原低阶	6 079. 21	15. 86
丘陵中部	23. 11	0. 06
丘陵下部	0. 05	0. 0001
山地坡上	2 581. 15	6. 74
山地坡中	190. 64	0. 50
山地坡下	40. 37	0. 10
沙漠边缘	11. 11	0. 03

（二）灌溉能力

五等地中，灌溉能力为充分满足的耕地面积为 4 307. 56 hm^2，占五等地面积的 11. 24%；灌溉能力为满足的耕地面积为 27 148. 46 hm^2，占五等地面积的 70. 84%；灌溉能力为基本满足的耕地面积为 6 863. 32 hm^2，占五等地面积的 17. 91%；灌溉能力为不满足的耕地面积为 3. 11 hm^2，占五等地面积的 0. 01%。

表 4-41 不同灌溉能力下五等地的面积与比例

灌溉能力	面积（hm^2）	比例（%）
充分满足	4 307. 56	11. 24
满足	27 148. 46	70. 84
基本满足	6 863. 32	17. 91
不满足	3. 11	0. 01

（三）耕层质地

耕层质地在博州五等地中的面积及占比见表 4-42。五等地中，耕层质地以砂壤最大，面积 13 214. 71 hm^2，占比为 34. 48%，其次是中壤，面积为 9 723. 14 hm^2，占比为 25. 37%，再次是砂土、重壤、轻壤，分别占五等地总面积的 13. 73%、12. 00%、11. 59%，而黏土所占比例仅为 2. 83%。

表 4-42 五等地与耕层质地

耕层质地	面积（hm^2）	比例（%）
砂土	5 262. 14	13. 73
砂壤	13 214. 71	34. 48
轻壤	4 440. 05	11. 59
中壤	9 723. 14	25. 37
重壤	4 599. 75	12. 00

（续表）

耕层质地	面积（hm^2）	比例（%）
黏土	1 082.66	2.83
总计	38 322.45	100.00

（四）盐渍化程度

五等地的盐渍化程度见表 4-43。无盐渍化的耕地面积为 11 695.18 hm^2，占五等地总面积的 30.52%；轻度盐渍化的耕地面积为 10 977.95 hm^2，占五等地总面积的 28.65%；中度盐渍化的耕地面积为 9 850.02 hm^2，占五等地总面积的 25.70%；重度盐渍化的耕地面积为 5 799.30 hm^2，占五等地总面积的 15.13%。

表 4-43 五等地的盐渍化程度

盐渍化程度	面积（hm^2）	比例（%）
无	11 695.18	30.52
轻度	10 977.95	28.65
中度	9 850.02	25.70
重度	5 799.30	15.13
总计	38 322.45	100.00

（五）养分状况

对博州五等地耕层养分进行统计见表 4-44。五等地的养分含量平均值分别为：有机质 21.1 g/kg、全氮 1.14 g/kg、碱解氮 101.6 mg/kg、有效磷 32.3 mg/kg、速效钾 279 mg/kg、缓效钾 943 mg/kg、有效硼 2.4 mg/kg、有效锌 0.84 mg/kg、有效锰 8.6 mg/kg、有效铁 8.8 mg/kg、有效铜 1.25 mg/kg、有效钼 0.43 mg/kg、有效硫 522.73 mg/kg、有效硅 201.17 mg/kg、pH 值为 7.83、盐分 5.7 g/kg。

对博州五等地中各县市的土壤养分含量平均值比较见表 4-44，可以发现有机质含量精河县最高，为 23.1 g/kg，博乐市最低，为 19.4 g/kg；全氮含量精河县最高，为 1.24 g/kg，博乐市最低，为 1.06 g/kg；碱解氮含量博乐市最高，为 106.2 mg/kg，温泉县最低，为 91.4 mg/kg；有效磷含量精河县最高，为 42.2 mg/kg，温泉县最低，为 21.4 mg/kg；速效钾含量博乐市最高，为 307 mg/kg，温泉县最低，为 188 mg/kg；缓效钾含量温泉县最高，为 1 107 mg/kg，精河县最低，为 761 mg/kg；盐分含量精河县最高，为 7.1 g/kg，温泉县最低，为 1.2 g/kg。微量元素硼、钼、铜、铁、锰、锌的有效含量各有高低。

表 4-44 五等地中各县市土壤养分含量平均值比较

养分项目	博乐市	精河县	温泉县	博州
有机质（g/kg）	19.4	23.1	21.0	21.1
全氮（g/kg）	1.06	1.24	1.11	1.14
碱解氮（mg/kg）	106.2	102.4	91.4	101.6
有效磷（mg/kg）	28.5	42.2	21.4	32.3

（续表）

养分项目	博乐市	精河县	温泉县	博州
速效钾（mg/kg）	307	297	188	279
缓效钾（mg/kg）	1 107	761	962	943
有效硼（mg/kg）	2. 5	2. 8	1. 4	2. 4
有效锌（mg/kg）	0. 87	0. 92	0. 63	0. 84
有效锰（mg/kg）	7. 6	9. 7	8. 8	8. 6
有效铁（mg/kg）	9. 5	7. 8	9. 2	8. 8
有效铜（mg/kg）	1. 43	1. 13	1. 12	1. 25
有效钼（mg/kg）	0. 32	0. 68	0. 17	0. 43
有效硫（mg/kg）	437. 28	797. 28	179. 79	522. 73
有效硅（mg/kg）	228. 28	189. 39	170. 46	201. 17
pH 值	7. 80	7. 80	7. 94	7. 83
盐分（g/kg）	6. 7	7. 1	1. 2	5. 7

五等地有机质含量为一级（>25. 0 g/kg）的面积为 5 657. 99 hm^2，占比 14. 76%；有机质含量为二级（20. 0~25. 0 g/kg）的面积为 14 065. 22 hm^2，占比 36. 70%；有机质含量为三级（15. 0~20. 0 g/kg）的面积为 16 284. 67 hm^2，占比 42. 50%；有机质含量为四级（10. 0~15. 0 g/kg）的面积为 2 106. 44 hm^2，占比 5. 50%；有机质含量为五级（≤10. 0 g/kg）的面积为 208. 13 hm^2，占比 0. 54%。表明博州五等地有机质含量以中等偏高为主，偏低的面积和比例较少。

五等地全氮含量为一级（>1. 50 g/kg）的面积为 3 835. 35 hm^2，占比 10. 01%；全氮含量为二级（1. 00~1. 50 g/kg）的面积为 21 660. 65 hm^2，占比 56. 52%；全氮含量为三级（0. 75~1. 00 g/kg）的面积为 11 275. 36 hm^2，占比 29. 42%；全氮含量为四级（0. 50~0. 75 g/kg）的面积为 1 551. 09 hm^2，占比 4. 05%；无全氮含量为五级（≤0. 50 g/kg）的耕地。表明博州五等地全氮含量以中高等为主，偏下的面积和比例较少。

五等地碱解氮含量为一级（>150 mg/kg）的面积为 1 598. 70 hm^2，占比 4. 17%；碱解氮含量为二级（120~150 mg/kg）的面积为 6 186. 82 hm^2，占比 16. 14%；碱解氮含量为三级（90~120 mg/kg）的面积为 20 338. 59 hm^2，占比 53. 08%；碱解氮含量为四级（60~90 mg/kg）的面积为 9 518. 27 hm^2，占比 24. 84%；碱解氮含量为五级（≤60 mg/kg）的面积为 680. 07 hm^2，占比 1. 77%。表明博州五等地碱解氮含量以中等偏下为主，偏上的面积和比例较少。

五等地有效磷含量为一级（>30. 0 mg/kg）的面积为 16 464. 96 hm^2，占比 42. 96%；有效磷含量为二级（20. 0~30. 0 mg/kg）的面积为 14 154. 43 hm^2，占比 36. 94%；有效磷含量为三级（15. 0~20. 0 mg/kg）的面积为 6 323. 00 hm^2，占比 16. 50%；有效磷含量为四级（8. 0~15. 0 mg/kg）的面积为 1 380. 06 hm^2，占比 3. 60%；无有效磷含量为五级（≤8. 0 mg/kg）的耕地。表明博州五等地有效磷含量以高等为主，偏低的面积和比例较少。

五等地速效钾含量为一级（>250 mg/kg）的面积为 19 025. 66 hm^2，占比 49. 65%；速

效钾含量为二级（200~250 mg/kg）的面积为 7 040.91 hm^2，占比 18.37%；速效钾含量为三级（150~200 mg/kg）的面积为 6 350.59 hm^2，占比 16.57%；速效钾含量为四级（100~150 mg/kg）的面积为 5 298.18 hm^2，占比 13.83%；速效钾含量为五级（≤100 mg/kg）的面积为 607.11 hm^2，占比 1.58%。表明博州五等地速效钾含量以高等为主，但中等偏低的面积和比例也较多。

表 4-45　五等地土壤养分各级别面积与比例

养分项目	一级		二级		三级		四级		五级	
	面积（hm^2）	占比（%）	面积（hm^2）	占比（%）	面积（hm^2）	占比（%）	面积（hm^2）	占比（%）	面积（hm^2）	占比（%）
有机质	5 657.99	14.76	14 065.22	36.70	16 284.67	42.50	2 106.44	5.50	208.13	0.54
全氮	3 835.35	10.01	21 660.65	56.52	11 275.36	29.42	1 551.09	4.05	—	—
碱解氮	1 598.70	4.17	6 186.82	16.14	20 338.59	53.08	9 518.27	24.84	680.07	1.77
有效磷	16 464.96	42.96	14154.43	36.94	6 323.00	16.50	1 380.06	3.60	—	—
速效钾	19 025.66	49.65	7 040.91	18.37	6 350.59	16.57	5 298.18	13.83	607.11	1.58

第七节　六等地耕地质量等级特征

一、六等地分布特征

（一）区域分布

博州六等地耕地面积 13 486.33 hm^2，占博州耕地面积的 7.19%。其中，博乐市 5 220.50 hm^2，占博乐市耕地的 6.35%；精河县 4 275.27 hm^2，占精河县耕地的 6.55%；温泉县 3 990.56 hm^2，占温泉县耕地的 9.92%。

表 4-46　各县市六等地面积及占辖区耕地面积的比例

县市	面积（hm^2）	比例（%）
博乐市	5 220.50	6.35
精河县	4 275.27	6.55
温泉县	3 990.56	9.92

六等地在各县市的分布差异不大，3 个县市六等地面积占各县市耕地面积的比例都在 10%以下。

（二）土壤类型

从土壤类型来看，博州六等地分布面积和比例最大的土壤类型分别是棕漠土、林灌草甸土和潮土，分别占六等地总面积的 25.64%、16.94%和 16.28%，其次是水稻土、亚高山草原土、草甸土、灌漠土，其他土类分布面积较少。详见表 4-47。

表 4-47 六等地耕地主要土壤类型耕地面积与比例

土壤类型	面积（hm^2）	比例（%）
草甸土	1 256.95	9.32
潮土	2 195.35	16.28
风沙土	221.36	1.64
灌漠土	705.45	5.23
林灌草甸土	2284.33	16.94
水稻土	1 712.77	12.70
新积土	2.93	0.02
亚高山草原土	1 268.46	9.41
盐土	380.41	2.82
棕漠土	3 458.32	25.64
合计	13 486.33	100.00

二、六等地属性特征

（一）地形部位

六等地的地形部位面积与比例见表 4-48。六等地在平原中阶分布最多，面积为 7 830.07 hm^2，占六等地总面积的 58.06%；六等地在平原高阶分布面积为 3 058.55 hm^2，占六等地总面积的 22.68%；六等地在平原低阶分布面积为 1 200.50 hm^2，占六等地总面积的 8.90%；六等地在山地坡上分布面积为 1 098.21 hm^2，占六等地总面积的 8.14%；六等地在丘陵下部、山地坡下、河滩地、沙漠边缘、山地坡中和丘陵中部有零星分布，占六等地总面积的 2.22%。

表 4-48 六等地的地形部位面积与比例

地形部位	面积（hm^2）	比例（%）
河滩地	24.79	0.18
平原高阶	3 058.55	22.68
平原中阶	7 830.07	58.06
平原低阶	1 200.50	8.90
丘陵中部	0.55	0.01
丘陵下部	169.05	1.25
山地坡上	1 098.21	8.14
山地坡中	9.63	0.07
山地坡下	83.57	0.62
沙漠边缘	11.41	0.09

（二）灌溉能力

六等地中，灌溉能力为充分满足的耕地面积为 389.91 hm^2，占六等地面积的 2.89%；

灌溉能力为满足的耕地面积为 5 298. 61 hm^2，占六等地面积的 39. 29%；灌溉能力为基本满足的耕地面积为 7 595. 37 hm^2，占六等地面积的 56. 32%；灌溉能力为不满足的耕地面积为 202. 44 hm^2，占六等地面积的 1. 50%。

表 4-49　不同灌溉能力下六等地的面积与比例

灌溉能力	面积（hm^2）	比例（%）
充分满足	389. 91	2. 89
满足	5 298. 61	39. 29
基本满足	7 595. 37	56. 32
不满足	202. 44	1. 50

（三）耕层质地

耕层质地在博州六等地中的面积及占比见表 4-50。六等地中，耕层质地以砂壤、重壤和砂土为主，面积分别为 3 741. 22 hm^2、3 189. 12 hm^2 和 2 921. 77 hm^2，占比分别为 27. 74%、23. 65%和 21. 66%；其次是中壤，面积为 2 000. 23 hm^2，占比为 14. 83%，另外轻壤占六等地总面积的 9. 31%，黏土所占比例最低。

表 4-50　六等地与耕层质地

耕层质地	面积（hm^2）	比例（%）
砂土	2 921. 77	21. 66
砂壤	3 741. 22	27. 74
轻壤	1 255. 01	9. 31
中壤	2 000. 23	14. 83
重壤	3 189. 12	23. 65
黏土	378. 98	2. 81
总计	13 486. 33	100. 00

（四）盐渍化程度

六等地的盐渍化程度见表 4-51。无盐渍化的耕地面积为 4 823. 86 hm^2，占六等地总面积的 35. 77%；轻度盐渍化的耕地面积为 4 048. 92 hm^2，占六等地总面积的 30. 02%；中度盐渍化的耕地面积为 3 790. 52 hm^2，占六等地总面积的 28. 11%；重度盐渍化的耕地面积为 803. 15 hm^2，占六等地总面积的 5. 95%；盐土耕地面积为 19. 88 hm^2，占六等地总面积的 0. 15%。

表 4-51　六等地的盐渍化程度

盐渍化程度	面积（hm^2）	比例（%）
无	4 823. 86	35. 77
轻度	4 048. 92	30. 02
中度	3 790. 52	28. 11
重度	803.15	5. 95

（续表）

盐渍化程度	面积（hm^2）	比例（%）
盐土	19.88	0.15
总计	13 486.33	100.00

（五）养分状况

对博州六等地耕层养分进行统计见表4-52。六等地的养分含量平均值分别为：有机质20.0 g/kg、全氮1.08 g/kg、碱解氮95.1 mg/kg、有效磷31.9 mg/kg、速效钾274 mg/kg、缓效钾936 mg/kg、有效硼2.4 mg/kg、有效锌0.84 mg/kg、有效锰8.6 mg/kg、有效铁8.8 mg/kg、有效铜1.25 mg/kg、有效钼0.37 mg/kg、有效硫494.94 mg/kg、有效硅199.90 mg/kg、pH值为7.85、盐分5.1 g/kg。

对博州六等地中各县市的土壤养分含量平均值比较见表4-52，可以发现有机质含量温泉县最高，为21.0 g/kg，精河县最低，为19.4 g/kg；全氮含量温泉县最高，为1.11 g/kg，精河县最低，为1.04 g/kg；碱解氮含量博乐市最高，为102.1 mg/kg，精河县最低，为89.9 mg/kg；有效磷含量精河县最高，为42.3 mg/kg，温泉县最低，为22.1 mg/kg；速效钾含量博乐市最高，为327 mg/kg，温泉县最低，为190 mg/kg；缓效钾含量温泉县最高，为1060 mg/kg，精河县最低，为791 mg/kg；盐分含量精河县最高，为6.8 g/kg，温泉县最低，为1.2 g/kg。微量元素硼、钼、铜、铁、锰、锌的有效含量各有高低。

表4-52　六等地中各县市土壤养分含量平均值比较

养分项目	博乐市	精河县	温泉县	博州
有机质（g/kg）	19.8	19.4	21.0	20.0
全氮（g/kg）	1.08	1.04	1.11	1.08
碱解氮（mg/kg）	102.1	89.9	91.5	95.1
有效磷（mg/kg）	28.7	42.3	22.1	31.9
速效钾（mg/kg）	327	275	190	274
缓效钾（mg/kg）	1 060	791	950	936
有效硼（mg/kg）	2.6	2.9	1.5	2.4
有效锌（mg/kg）	0.93	0.90	0.60	0.84
有效锰（mg/kg）	8.0	9.4	8.5	8.6
有效铁（mg/kg）	9.6	7.8	8.8	8.8
有效铜（mg/kg）	1.43	1.18	1.06	1.25
有效钼（mg/kg）	0.32	0.55	0.17	0.37
有效硫（mg/kg）	363.61	850.04	197.83	494.94
有效硅（mg/kg）	210.82	213.64	164.06	199.90
pH值	7.83	7.80	7.96	7.85
盐分（g/kg）	6.2	6.8	1.2	5.1

六等地有机质含量为一级（>25.0 g/kg）的面积为1 432.57 hm^2，占比10.62%；有机

质含量为二级（20.0~25.0 g/kg）的面积为5 569.80 hm^2，占比41.30%；有机质含量为三级（15.0~20.0 g/kg）的面积为5 676.95 hm^2，占比42.10%；有机质含量为四级（10.0~15.0 g/kg）的面积为585.62 hm^2，占比4.34%；有机质含量为五级（≤10.0 g/kg）的面积为221.39 hm^2，占比1.64%。表明博州六等地有机质含量以中等偏高为主，偏低的面积和比例较少。

六等地全氮含量为一级（>1.50 g/kg）的面积为637.85 hm^2，占比4.73%；全氮含量为二级（1.00~1.50 g/kg）的面积为8 201.23 hm^2，占比60.81%；全氮含量为三级（0.75~1.00 g/kg）的面积为3 940.25 hm^2，占比29.22%；全氮含量为四级（0.50~0.75 g/kg）的面积为598.75 hm^2，占比4.44%；全氮含量为五级（≤0.50 g/kg）的面积为108.25 hm^2，占比0.80%。表明博州六等地全氮含量以中高等为主，偏下的面积和比例较少。

六等地碱解氮含量为一级（>150 mg/kg）的面积为265.88 hm^2，占比1.97%；碱解氮含量为二级（120~150 mg/kg）的面积为2 171.28 hm^2，占比16.10%；碱解氮含量为三级（90~120 mg/kg）的面积为6 022.96 hm^2，占比44.66%；碱解氮含量为四级（60~90 mg/kg）的面积为4 702.51 hm^2，占比34.87%；碱解氮含量为五级（≤60 mg/kg）的面积为323.70 hm^2，占比2.40%。表明博州六等地碱解氮含量以中等偏下为主，偏上的面积和比例较少。

六等地有效磷含量为一级（>30.0 mg/kg）的面积为6 214.25 hm^2，占比46.08%；有效磷含量为二级（20.0~30.0 mg/kg）的面积为3 836.64 hm^2，占比28.45%；有效磷含量为三级（15.0~20.0 mg/kg）的面积为2 933.36 hm^2，占比21.75%；有效磷含量为四级（8.0~15.0 mg/kg）的面积为502.08 hm^2，占比3.72%；无有效磷含量为五级（≤8.0 mg/kg）的耕地。表明博州六等地有效磷含量以高等为主，偏低的面积和比例较少。

六等地速效钾含量为一级（>250 mg/kg）的面积为7 711.46 hm^2，占比57.18%；速效钾含量为二级（200~250 mg/kg）的面积为1 808.03 hm^2，占比13.41%；速效钾含量为三级（150~200 mg/kg）的面积为1 081.91 hm^2，占比8.02%；速效钾含量为四级（100~150 mg/kg）的面积为2 749.83 hm^2，占比20.39%；速效钾含量为五级（≤100 mg/kg）的面积为135.10 hm^2，占比1.00%。表明博州六等地速效钾含量以高等为主，但中等和极低的面积和比例也较多。

表4-53　六等地土壤养分各级别面积与比例

养分项目	一级		二级		三级		四级		五级	
	面积（hm^2）	占比（%）	面积（hm^2）	占比（%）	面积（hm^2）	占比（%）	面积（hm^2）	占比（%）	面积（hm^2）	占比（%）
有机质	1 432.57	10.62	5 569.80	41.30	5 676.95	42.10	585.62	4.34	221.39	1.64
全氮	637.85	4.73	8 201.23	60.81	3 940.25	29.22	598.75	4.44	108.25	0.80
碱解氮	265.88	1.97	2 171.28	16.10	6 022.96	44.66	4 702.51	34.87	323.70	2.40
有效磷	6 214.25	46.08	3 836.64	28.45	2 933.36	21.75	502.08	3.72	—	—
速效钾	7 711.46	57.18	1 808.03	13.41	1 081.91	8.02	2 749.83	20.39	135.10	1.00

第八节　七等地耕地质量等级特征

一、七等地分布特征

（一）区域分布

博州七等地耕地面积 28 729.12 hm²，占博州耕地面积的 15.31%。其中，博乐市 14 287.99 hm²，占博乐市耕地的 17.39%；精河县 7 582.60 hm²，占精河县耕地的 11.62%；温泉县 6 858.53 hm²，占温泉县耕地的 17.04%。

表 4-54　各县市七等地面积及占辖区耕地面积的比例

县市	面积（hm²）	比例（%）
博乐市	14 287.99	17.39
精河县	7 582.60	11.62
温泉县	6 858.53	17.04

七等地在各县市的分布差异不大，3 个县市七等地面积占各县市耕地面积的比例都在 10%~20%。

（二）土壤类型

从土壤类型来看，博州七等地分布面积和比例最大的土壤类型分别是潮土、棕钙土和草甸土，分别占七等地总面积的 27.23%、26.98%和 12.58%，其次是灰漠土、盐土、沼泽土、灰棕漠土，其他土类分布面积较少。详见表 4-55。

表 4-55　七等地耕地主要土壤类型耕地面积与比例

土壤类型	面积（hm²）	比例（%）
草甸土	3 615.10	12.58
潮土	7 822.18	27.23
风沙土	701.27	2.44
灌漠土	711.33	2.48
灰漠土	2 283.63	7.95
灰棕漠土	1 742.64	6.06
林灌草甸土	20.28	0.07
漠境盐土	26.37	0.09
盐土	2 203.61	7.67
沼泽土	1 852.09	6.45
棕钙土	7 750.62	26.98
合计	28 729.12	100.00

二、七等地属性特征

（一）地形部位

七等地的地形部位面积与比例见表 4-56。七等地在平原中阶分布最多，面积为 16 677.95 hm^2，占七等地总面积的 58.05%；七等地在平原高阶分布面积为 7 497.04 hm^2，占七等地总面积的 26.10%；七等地在山地坡上分布面积为 2 967.99 hm^2，占七等地总面积的 10.33%；七等地在平原低阶、沙漠边缘、山地坡中、河滩地、丘陵中部、山地坡下和丘陵下部有零星分布，仅占七等地总面积的 5.52%。

表 4-56 七等地的地形部位面积与比例

地形部位	面积（hm^2）	比例（%）
河滩地	90.85	0.32
平原高阶	7 497.04	26.10
平原中阶	16 677.95	58.05
平原低阶	721.66	2.51
丘陵中部	77.22	0.27
丘陵下部	10.69	0.04
山地坡上	2 967.99	10.33
山地坡中	123.67	0.43
山地坡下	15.83	0.05
沙漠边缘	546.22	1.90

（二）灌溉能力

七等地中，灌溉能力为充分满足的耕地面积为 129.30 hm^2，占七等地面积的 0.45%；灌溉能力为满足的耕地面积为 8 517.04 hm^2，占七等地面积的 29.65%；灌溉能力为基本满足的耕地面积为 19 643.81 hm^2，占七等地面积的 68.37%；灌溉能力为不满足的耕地面积为 438.97 hm^2，占七等地面积的 1.53%。

表 4-57 不同灌溉能力下七等地的面积与比例

灌溉能力	面积（hm^2）	比例（%）
充分满足	129.30	0.45
满足	8 517.04	29.65
基本满足	19 643.81	68.37
不满足	438.97	1.53

（三）耕层质地

耕层质地在博州七等地中的面积及占比见表 4-58。七等地中，耕层质地以砂壤、重壤和砂土为主，面积分别为 9 747.92 hm^2、8 943.41 hm^2 和 6 368.08 hm^2，占比分别为 33.92%、31.13%和 22.17%，轻壤、黏土和中壤所占比例较低。

表 4-58　七等地与耕层质地

耕层质地	面积（hm^2）	比例（%）
砂土	6 368.08	22.17
砂壤	9 747.92	33.92
轻壤	1 380.70	4.81
中壤	1 092.43	3.80
重壤	8 943.41	31.13
黏土	1 196.58	4.17
总计	28 729.12	100.00

（四）盐渍化程度

七等地的盐渍化程度见表 4-59。无盐渍化的耕地面积为 8 197.72 hm^2，占七等地总面积的 28.53%；轻度盐渍化的耕地面积为 7 821.55 hm^2，占七等地总面积的 27.23%；中度盐渍化的耕地面积为 11 864.90 hm^2，占七等地总面积的 41.30%；重度盐渍化的耕地面积为 840.97 hm^2，占七等地总面积的 2.93%；盐土耕地面积为 3.98 hm^2，占七等地总面积的 0.01%。

表 4-59　七等地的盐渍化程度

盐渍化程度	面积（hm^2）	比例（%）
无	8 197.72	28.53
轻度	7 821.55	27.23
中度	11 864.90	41.30
重度	840.97	2.93
盐土	3.98	0.01
总计	28 729.12	100.00

（五）养分状况

对博州七等地耕层养分进行统计见表 4-60。七等地的养分含量平均值分别为：有机质 20.2 g/kg、全氮 1.10 g/kg、碱解氮 99.4 mg/kg、有效磷 29.6 mg/kg、速效钾 287 mg/kg、缓效钾 993 mg/kg、有效硼 2.5 mg/kg、有效锌 0.80 mg/kg、有效锰 8.2 mg/kg、有效铁 8.6 mg/kg、有效铜 1.32 mg/kg、有效钼 0.40 mg/kg、有效硫 521.28 mg/kg、有效硅 216.01 mg/kg、pH 值为 7.84、盐分 5.7 g/kg。

对博州七等地中各县市的土壤养分含量平均值比较见表 4-60，可以发现有机质含量温泉县最高，为 21.2 g/kg，精河县最低，为 17.9 g/kg；全氮含量博乐市最高，为 1.16 g/kg，精河县最低，为 0.97 g/kg；碱解氮含量博乐市最高，为 110.8 mg/kg，精河县最低，为 85.7 mg/kg；有效磷含量精河县最高，为 34.2 mg/kg，温泉县最低，为 22.6 mg/kg；速效钾含量博乐市最高，为 361 mg/kg，温泉县最低，为 174 mg/kg；缓效钾含量温泉县最高，为 1112 mg/kg，精河县最低，为 761 mg/kg；盐分含量博乐市最高，为 7.9 g/kg，温泉县最低，为 1.2 g/kg。微量元素硼、钼、铜、铁、锰、锌的有效含量各有高低。

表 4-60　七等地中各县市土壤养分含量平均值比较

养分项目	博乐市	精河县	温泉县	博州
有机质（g/kg）	21.0	17.9	21.2	20.2
全氮（g/kg）	1.16	0.97	1.13	1.10
碱解氮（mg/kg）	110.8	85.7	90.6	99.4
有效磷（mg/kg）	30.5	34.2	22.6	29.6
速效钾（mg/kg）	361	248	174	287
缓效钾（mg/kg）	1 112	761	1 003	993
有效硼（mg/kg）	2.9	2.5	1.4	2.5
有效锌（mg/kg）	0.85	0.90	0.58	0.80
有效锰（mg/kg）	7.1	10.0	8.3	8.2
有效铁（mg/kg）	8.7	7.8	9.3	8.6
有效铜（mg/kg）	1.53	1.13	1.09	1.32
有效钼（mg/kg）	0.38	0.63	0.17	0.40
有效硫（mg/kg）	585.71	688.94	192.19	521.28
有效硅（mg/kg）	261.03	173.42	168.45	216.01
pH 值	7.82	7.81	7.91	7.84
盐分（g/kg）	7.9	5.5	1.2	5.7

七等地有机质含量为一级（>25.0 g/kg）的面积为 1 361.33 hm^2，占比 4.74%；有机质含量为二级（20.0~25.0 g/kg）的面积为 15 833.52 hm^2，占比 55.11%；有机质含量为三级（15.0~20.0 g/kg）的面积为 9 776.21 hm^2，占比 34.03%；有机质含量为四级（10.0~15.0 g/kg）的面积为 1 478.30 hm^2，占比 5.15%；有机质含量为五级（≤10.0 g/kg）的面积为 279.76 hm^2，占比 0.97%。表明博州七等地有机质含量以中等偏高为主，偏低的面积和比例较少。

七等地全氮含量为一级（>1.50 g/kg）的面积为 831.66 hm^2，占比 2.89%；全氮含量为二级（1.00~1.50 g/kg）的面积为 2 1761.72 hm^2，占比 75.75%；全氮含量为三级（0.75~1.00 g/kg）的面积为 4 665.70 hm^2，占比 16.24%；全氮含量为四级（0.50~0.75 g/kg）的面积为 1 281.82 hm^2，占比 4.46%；全氮含量为五级（≤0.50 g/kg）的面积为 188.22 hm^2，占比 0.66%。表明博州七等地全氮含量以中高等为主，偏下的面积和比例较少。

七等地碱解氮含量为一级（>150 mg/kg）的面积为 62.19 hm^2，占比 0.22%；碱解氮含量为二级（120~150 mg/kg）的面积为 6 801.17 hm^2，占比 23.67%；碱解氮含量为三级（90~120 mg/kg）的面积为 13086.61 hm^2，占比 45.55%；碱解氮含量为四级（60~90 mg/kg）的面积为 8 138.95 hm^2，占比 28.33%；碱解氮含量为五级（≤60 mg/kg）的面积为 640.20 hm^2，占比 2.23%。表明博州七等地碱解氮含量以中等为主，偏上偏下的面积和比例较少。

七等地有效磷含量为一级（>30.0 mg/kg）的面积为 11 093.75 hm^2，占比 38.62%；有效磷含量为二级（20.0~30.0 mg/kg）的面积为 13 264.72 hm^2，占比 46.17%；有效磷含量

为三级（15.0～20.0 mg/kg）的面积为 3 620.28 hm^2，占比 12.60%；有效磷含量为四级（8.0～15.0 mg/kg）的面积为 750.37 hm^2，占比 2.61%；无有效磷含量为五级（≤8.0 mg/kg）的耕地。表明博州七等地有效磷含量以高等为主，偏低的面积和比例较少。

七等地速效钾含量为一级（>250 mg/kg）的面积为 17 574.48 hm^2，占比 61.18%；速效钾含量为二级（200～250 mg/kg）的面积为 3 634.07 hm^2，占比 12.65%；速效钾含量为三级（150～200 mg/kg）的面积为 2 626.52 hm^2，占比 9.14%；速效钾含量为四级（100～150 mg/kg）的面积为 4 281.22 hm^2，占比 14.91%；速效钾含量为五级（≤100 mg/kg）的面积为 612.83 hm^2，占比 2.13%。表明博州七等地速效钾含量以高等为主，但中等和极低的面积和比例也较多。

表 4-61　七等地土壤养分各级别面积与比例

养分项目	一级		二级		三级		四级		五级	
	面积（hm^2）	占比（%）	面积（hm^2）	占比（%）	面积（hm^2）	占比（%）	面积（hm^2）	占比（%）	面积（hm^2）	占比（%）
有机质	1 361.33	4.74	15 833.52	55.11	9 776.21	34.03	1 478.30	5.15	279.76	0.97
全氮	831.66	2.89	21 761.72	75.75	4 665.70	16.24	1 281.82	4.46	188.22	0.66
碱解氮	62.19	0.22	6 801.17	23.67	13 086.61	45.55	8 138.95	28.33	640.20	2.23
有效磷	11 093.75	38.62	13 264.72	46.17	3 620.28	12.60	750.37	2.61	—	—
速效钾	17 574.48	61.18	3 634.07	12.65	2 626.52	9.14	4 281.22	14.90	612.83	2.13

第九节　八等地耕地质量等级特征

一、八等地分布特征

（一）区域分布

博州八等地耕地面积 19 374.54 hm^2，占博州耕地面积的 10.32%。其中，博乐市 6 910.00 hm^2，占博乐市耕地的 8.41%；精河县 7 387.06 hm^2，占精河县耕地的 11.32%；温泉县 5 077.48 hm^2，占温泉县耕地的 12.62%。

表 4-62　各县市八等地面积及占辖区耕地面积的比例

县市	面积（hm^2）	比例（%）
博乐市	6 910.00	8.41
精河县	7 387.06	11.32
温泉县	5 077.48	12.62

八等地在各县市的分布差异较小。八等地面积占全县耕地面积的比例在 10%～20%的有 2 个，分别是精河县、温泉县。八等地面积占全县耕地面积的比例在 10%以下的有 1 个，为博乐市。

（二）土壤类型

从土壤类型来看，博州八等地分布面积和比例最大的土壤类型分别是灰棕漠土、灰漠土和棕钙土，分别占八等地总面积的26.79%、26.54%和19.28%，其次是草甸土、潮土，其他土类分布面积较少。详见表4-63。

表4-63 八等地耕地主要土壤类型耕地面积与比例

土壤类型	面积（hm^2）	比例（%）
草甸土	1 840.23	9.50
潮土	1 426.66	7.36
风沙土	100.31	0.52
灌漠土	823.15	4.25
灰漠土	5 142.25	26.54
灰棕漠土	5 190.53	26.79
林灌草甸土	212.51	1.10
盐土	106.51	0.55
沼泽土	796.49	4.11
棕钙土	3 735.90	19.28
合计	19 374.54	100.00

二、八等地属性特征

（一）地形部位

八等地的地形部位面积与比例见表4-64。八等地在平原中阶分布最多，面积为8 502.07 hm^2，占八等地总面积的43.88%；八等地在平原高阶分布面积为7 714.38 hm^2，占八等地总面积的39.82%；八等地在山地坡上分布面积为1 293.21 hm^2，占八等地总面积的6.68%；八等地在平原低阶、沙漠边缘、河滩地、山地坡中、丘陵中部、丘陵下部、山地坡下有少量分布，占八等地总面积的9.62%。

表4-64 八等地的地形部位面积与比例

地形部位	面积（hm^2）	比例（%）
河滩地	153.76	0.79
平原高阶	7 714.38	39.82
平原中阶	8 502.07	43.88
平原低阶	942.33	4.86
丘陵中部	93.28	0.48
丘陵下部	78.72	0.41
山地坡上	1 293.21	6.68
山地坡中	126.93	0.66
山地坡下	25.51	0.13
沙漠边缘	444.35	2.29

（二）灌溉能力

八等地中，灌溉能力为满足的耕地面积为 4 378. 72 hm²，占八等地面积的 22. 60%；灌溉能力为基本满足的耕地面积为 13 160. 01 hm²，占八等地面积的 67. 92%，占博州相同灌溉能力耕地总面积的 33. 22%；灌溉能力为不满足的耕地面积为 1 835. 81 hm²，占八等地面积的 9. 48%。

表 4-65 不同灌溉能力下八等地的面积与比例

灌溉能力	面积（hm²）	比例（%）
满足	4 378. 72	22. 60
基本满足	13 160. 01	67. 92
不满足	1 835. 81	9. 48

（三）耕层质地

耕层质地在博州八等地中的面积及占比见表 4-66。八等地中，耕层质地以砂壤和砂土为主，面积分别为 7 979. 22 hm² 和 4 829. 99 hm²，占比分别为 41. 18% 和 24. 93%；重壤、黏土、中壤、轻壤均有一定量的分布，所占比例大体相同。

表 4-66 八等地与耕层质地

耕层质地	面积（hm²）	比例（%）
砂土	4 829. 99	24. 93
砂壤	7 979. 22	41. 18
轻壤	1 619. 93	8. 36
中壤	1 628. 75	8. 41
重壤	1 683. 20	8. 69
黏土	1 633. 45	8. 43
总计	19 374. 54	100. 00

（四）盐渍化程度

八等地的盐渍化程度见表 4-67。无盐渍化的耕地面积为 7 275. 61 hm²，占八等地总面积的 37. 55%；轻度盐渍化的耕地面积为 6 860. 83 hm²，占八等地总面积的 35. 41%；中度盐渍化的耕地面积为 3 753. 54 hm²，占八等地总面积的 19. 37%；重度盐渍化的耕地面积为 1 068. 55 hm²，占八等地总面积的 5. 52%；盐土耕地面积为 416. 01 hm²，占八等地总面积的 2. 15%。

表 4-67 八等地的盐渍化程度

盐渍化程度	面积（hm²）	比例（%）
无	7 275. 61	37. 55
轻度	6 860. 83	35. 41
中度	3 753. 54	19. 37
重度	1 068. 55	5. 52

（续表）

盐渍化程度	面积（hm^2）	比例（%）
盐土	416.01	2.15
总计	19 374.54	100.00

（五）养分状况

对博州八等地耕层养分进行统计见表 4-68。八等地的养分含量平均值分别为：有机质 19.0 g/kg、全氮 1.02 g/kg、碱解氮 92.0 mg/kg、有效磷 29.4 mg/kg、速效钾 245 mg/kg、缓效钾 933 mg/kg、有效硼 2.3 mg/kg、有效锌 0.82 mg/kg、有效锰 8.7 mg/kg、有效铁 8.7 mg/kg、有效铜 1.26 mg/kg、有效钼 0.31 mg/kg、有效硫 462.38 mg/kg、有效硅 199.27 mg/kg、pH 值为 7.85、盐分 4.6 g/kg。

对博州八等地中各县市的土壤养分含量平均值比较见表 4-68，可以发现有机质含量温泉县最高，为 20.2 g/kg，精河县最低，为 17.9 g/kg；全氮含量温泉县最高，为 1.07 g/kg，精河县最低，为 0.96 g/kg；碱解氮含量博乐市最高，为 101.7 mg/kg，温泉县最低，为 85.7 mg/kg；有效磷含量精河县最高，为 38.2 mg/kg，温泉县最低，为 20.3 mg/kg；速效钾含量博乐市最高，为 305 mg/kg，温泉县最低，为 150 mg/kg；缓效钾含量博乐市最高，为 1055 mg/kg，精河县最低，为 779 mg/kg；盐分含量精河县最高，为 6.7 g/kg，温泉县最低，为 1.1 g/kg。微量元素硼、钼、铜、铁、锰、锌的有效含量各有高低。

表 4-68　八等地中各县市土壤养分含量平均值比较

养分项目	博乐市	精河县	温泉县	博州
有机质（g/kg）	19.0	17.9	20.2	19.0
全氮（g/kg）	1.04	0.96	1.07	1.02
碱解氮（mg/kg）	101.7	86.1	85.7	92.0
有效磷（mg/kg）	28.9	38.2	20.3	29.4
速效钾（mg/kg）	305	261	150	245
缓效钾（mg/kg）	1 055	779	943	933
有效硼（mg/kg）	2.6	3.0	1.3	2.3
有效锌（mg/kg）	0.91	0.93	0.59	0.82
有效锰（mg/kg）	7.8	9.9	8.5	8.7
有效铁（mg/kg）	9.4	7.6	8.9	8.7
有效铜（mg/kg）	1.37	1.32	1.06	1.26
有效钼（mg/kg）	0.34	0.39	0.16	0.31
有效硫（mg/kg）	391.23	813.20	167.47	462.38
有效硅（mg/kg）	206.94	225.13	160.41	199.27
pH 值	7.82	7.79	7.95	7.85
盐分（g/kg）	5.6	6.7	1.1	4.6

八等地有机质含量为一级（>25.0 g/kg）的面积为 962.31 hm^2，占比 4.97%；有机质

含量为二级（20.0~25.0 g/kg）的面积为7 047.15 hm^2，占比36.37%；有机质含量为三级（15.0~20.0 g/kg）的面积为9 047.46 hm^2，占比46.70%；有机质含量为四级（10.0~15.0 g/kg）的面积为1 079.01 hm^2，占比5.57%；有机质含量为五级（≤10.0 g/kg）的面积为1 238.61 hm^2，占比6.39%。表明博州八等地有机质含量以中等偏高为主，偏低的面积和比例较少。

八等地全氮含量为一级（>1.50 g/kg）的面积为479.17 hm^2，占比2.47%；全氮含量为二级（1.00~1.50 g/kg）的面积为9 785.85 hm^2，占比50.51%；全氮含量为三级（0.75~1.00 g/kg）的面积为7 133.98 hm^2，占比36.82%；全氮含量为四级（0.50~0.75 g/kg）的面积为896.75 hm^2，占比4.63%；全氮含量为五级（≤0.50 g/kg）的面积为1 078.79 hm^2，占比5.57%。表明博州八等地全氮含量以中高等为主，偏下的面积和比例较少。

八等地碱解氮含量为一级（>150 mg/kg）的面积为38.27 hm^2，占比0.20%；碱解氮含量为二级（120~150 mg/kg）的面积为1 265.03 hm^2，占比6.53%；碱解氮含量为三级（90~120 mg/kg）的面积为9 072.76 hm^2，占比46.83%；碱解氮含量为四级（60~90 mg/kg）的面积为7 366.96 hm^2，占比38.02%；碱解氮含量为五级（≤60 mg/kg）的面积为1 631.52 hm^2，占比8.42%。表明博州八等地碱解氮含量以中等偏下为主，偏上的面积和比例较少。

八等地有效磷含量为一级（>30.0 mg/kg）的面积为5 466.36 hm^2，占比28.21%；有效磷含量为二级（20.0~30.0 mg/kg）的面积为8 586.10 hm^2，占比44.31%；有效磷含量为三级（15.0~20.0 mg/kg）的面积为3 955.72 hm^2，占比20.42%；有效磷含量为四级（8.0~15.0 mg/kg）的面积为1 365.17 hm^2，占比7.05%；有效磷含量为五级（≤8.0 mg/kg）的面积为1.19 hm^2，占比0.01%。表明博州八等地有效磷含量以高等为主，偏低的面积和比例较少。

八等地速效钾含量为一级（>250 mg/kg）的面积为8 638.63 hm^2，占比44.59%；速效钾含量为二级（200~250 mg/kg）的面积为2 734.13 hm^2，占比14.11%；速效钾含量为三级（150~200 mg/kg）的面积为2 696.01 hm^2，占比13.92%；速效钾含量为四级（100~150 mg/kg）的面积为4 598.15 hm^2，占比23.73%；速效钾含量为五级（≤100 mg/kg）的面积为707.62 hm^2，占比3.65%。表明博州八等地速效钾含量以高等和偏低为主，但中等和极低的面积和比例较少。

表4-69　八等地土壤养分各级别面积与比例

养分项目	一级		二级		三级		四级		五级	
	面积（hm^2）	占比（%）	面积（hm^2）	占比（%）	面积（hm^2）	占比（%）	面积（hm^2）	占比（%）	面积（hm^2）	占比（%）
有机质	962.31	4.97	7 047.15	36.37	9 047.46	46.70	1 079.01	5.57	1 238.61	6.39
全氮	479.17	2.47	9 785.85	50.51	7 133.98	36.82	896.75	4.63	1 078.79	5.57
碱解氮	38.27	0.20	1 265.03	6.53	9 072.76	46.83	7 366.96	38.02	1 631.52	8.42
有效磷	5 466.36	28.21	8 586.10	44.31	3 955.72	20.42	1 365.17	7.05	1.19	0.01
速效钾	8 638.63	44.59	2734.13	14.11	2 696.01	13.92	4 598.15	23.73	707.62	3.65

第十节　九等地耕地质量等级特征

一、九等地分布特征

（一）区域分布

博州九等地耕地面积 6 847.57 hm^2，占博州耕地面积的 3.65%。其中，博乐市 2 221.58 hm^2，占博乐市耕地的 2.70%；精河县 3 432.42 hm^2，占精河县耕地的 5.26%；温泉县 1 193.57 hm^2，占温泉县耕地的 2.97%。

表 4-70　各县市九等地面积及占辖区耕地面积的比例

县市	面积（hm^2）	比例（%）
博乐市	2 221.58	2.70
精河县	3 432.42	5.26
温泉县	1 193.57	2.97

九等地在各县市的分布差异较小，3 个县市的九等地面积占各县市耕地面积的比例都在 10%以下。

（二）土壤类型

从土壤类型来看，博州九等地分布面积和比例最大的土壤类型分别是灰漠土、灰棕漠土、草甸土和棕钙土，分别占九等地总面积的 27.27%、26.00%、14.62%和 10.29%，其次是潮土、灌耕土、风沙土，其他土类分布面积较少。详见表 4-71。

表 4-71　九等地耕地主要土壤类型耕地面积与比例

土壤类型	面积（hm^2）	比例（%）
草甸土	1 001.07	14.62
潮土	444.84	6.50
风沙土	346.04	5.05
灌漠土	374.33	5.47
灰漠土	1 867.44	27.27
灰棕漠土	1 780.61	26.00
林灌草甸土	202.09	2.95
盐土	102.15	1.49
沼泽土	24.34	0.36
棕钙土	704.66	10.29
合计	6 847.57	100.00

二、九等地属性特征

（一）地形部位

九等地的地形部位面积与比例见表 4-72。九等地在平原中阶分布最多，面积为 3 106.86 hm²，占九等地总面积的 45.37%；九等地在平原高阶分布面积为 2 865.63 hm²，占九等地总面积的 41.85%；九等地在其他地形部位有少量分布。

表 4-72 九等地的地形部位面积与比例

地形部位	面积（hm²）	比例（%）
河滩地	59.46	0.87
平原高阶	2 865.63	41.85
平原中阶	3 106.86	45.37
平原低阶	329.04	4.80
丘陵中部	32.35	0.47
丘陵下部	55.87	0.82
山地坡上	148.97	2.18
山地坡下	10.83	0.16
沙漠边缘	238.56	3.48

（二）灌溉能力

九等地中，灌溉能力为满足的耕地面积为 923.56 hm²，占九等地面积的 13.49%；灌溉能力为基本满足的耕地面积为 4 588.05 hm²，占九等地面积的 67.00%，占博州相同灌溉能力耕地总面积的 24.95%；灌溉能力为不满足的耕地面积为 1 335.96 hm²，占九等地面积的 19.51%。

表 4-73 不同灌溉能力下九等地的面积与比例

灌溉能力	面积（hm²）	比例（%）
满足	923.56	13.49
基本满足	4 588.05	67.00
不满足	1 335.96	19.51

（三）耕层质地

耕层质地在博州九等地中的面积及占比见表 4-74。九等地中，耕层质地以砂壤和砂土为主，面积分别为 2 851.50 hm² 和 2 669.13 hm²，占比分别为 41.64%和 38.98%，中壤、重壤、黏土和轻壤所占比例较低。

表 4-74 九等地与耕层质地

耕层质地	面积（hm²）	比例（%）
砂土	2 669.13	38.98

（续表）

耕层质地	面积（hm^2）	比例（%）
砂壤	2 851.50	41.64
轻壤	80.46	1.18
中壤	471.98	6.89
重壤	426.05	6.22
黏土	348.45	5.09
总计	6 847.57	100.00

（四）盐渍化程度

九等地的盐渍化程度见表 4-75。无盐渍化的耕地面积为 1 460.32 hm^2，占九等地总面积的 21.33%；轻度盐渍化的耕地面积为 3 671.86 hm^2，占九等地总面积的 53.62%；中度盐渍化的耕地面积为 809.03 hm^2，占九等地总面积的 11.82%；重度盐渍化的耕地面积为 877.38 hm^2，占九等地总面积的 12.81%；盐土耕地面积为 28.98 hm^2，占九等地总面积的 0.42%。

表 4-75　九等地的盐渍化程度

盐渍化程度	面积（hm^2）	比例（%）
无	1 460.32	21.33
轻度	3 671.86	53.62
中度	809.03	11.82
重度	877.38	12.81
盐土	28.98	0.42
总计	6 847.57	100.00

（五）养分状况

对博州九等地耕层养分进行统计见表 4-76。九等地的养分含量平均值分别为：有机质 17.8 g/kg、全氮 0.95 g/kg、碱解氮 87.0 mg/kg、有效磷 31.3 mg/kg、速效钾 219 mg/kg、缓效钾 922 mg/kg、有效硼 2.5 mg/kg、有效锌 0.82 mg/kg、有效锰 8.5 mg/kg、有效铁 8.8 mg/kg、有效铜 1.29 mg/kg、有效钼 0.35 mg/kg、有效硫 646.57 mg/kg、有效硅 214.86 mg/kg、pH 值为 7.81、盐分 5.9 g/kg。

对博州九等地中各县市的土壤养分含量平均值比较可以发现有机质含量温泉县最高，为 19.6 g/kg，精河县最低，为 16.0 g/kg；全氮含量博乐市和温泉县最高，均为 1.05 g/kg，精河县最低，为 0.85 g/kg；碱解氮含量博乐市最高，为 102.4 mg/kg，精河县最低，为 76.9 mg/kg；有效磷含量精河县最高，为 36.8 mg/kg，温泉县最低，为 21.2 mg/kg；速效钾含量博乐市最高，为 273 mg/kg，温泉县最低，为 140 mg/kg；缓效钾含量温泉县最高，为 1 048 mg/kg，精河县最低，为 828 mg/kg；盐分含量精河县最高，为 8.8 g/kg，温泉县最低，为 1.0 g/kg。微量元素硼、钼、铜、铁、锰、锌的有效含量各有高低。

表 4-76　九等地中各县市土壤养分含量平均值比较

养分项目	博乐市	精河县	温泉县	博州
有机质（g/kg）	19.4	16.0	19.6	17.8
全氮（g/kg）	1.05	0.85	1.05	0.95
碱解氮（mg/kg）	102.4	76.9	85.4	87.0
有效磷（mg/kg）	29.3	36.8	21.2	31.3
速效钾（mg/kg）	273	213	140	219
缓效钾（mg/kg）	1 048	828	934	922
有效硼（mg/kg）	2.3	3.3	1.1	2.5
有效锌（mg/kg）	0.96	0.83	0.55	0.82
有效锰（mg/kg）	8.8	8.5	8.2	8.5
有效铁（mg/kg）	10.9	7.3	8.7	8.8
有效铜（mg/kg）	1.47	1.31	0.96	1.29
有效钼（mg/kg）	0.29	0.48	0.15	0.35
有效硫（mg/kg）	276.74	1 125.29	123.82	646.57
有效硅（mg/kg）	185.03	263.32	149.05	214.86
pH 值	7.82	7.75	7.95	7.81
盐分（g/kg）	4.7	8.8	1.0	5.9

九等地有机质含量为一级（>25.0 g/kg）的面积为 346.90 hm^2，占比 5.07%；有机质含量为二级（20.0~25.0 g/kg）的面积为 1 431.46 hm^2，占比 20.90%；有机质含量为三级（15.0~20.0 g/kg）的面积为 3 862.391 hm^2，占比 56.41%；有机质含量为四级（10.0~15.0 g/kg）的面积为 387.60 hm^2，占比 5.66%；有机质含量为五级（≤10.0 g/kg）的面积为 819.22 hm^2，占比 11.96%。表明博州九等地有机质含量以中等偏高为主，偏低的面积和比例较少。

九等地全氮含量为一级（>1.50 g/kg）的面积为 320.88 hm^2，占比 4.69%；全氮含量为二级（1.00~1.50 g/kg）的面积为 2 312.20 hm^2，占比 33.77%；全氮含量为三级（0.75~1.00 g/kg）的面积为 3 154.92 hm^2，占比 46.07%；全氮含量为四级（0.50~0.75 g/kg）的面积为 375.99 hm^2，占比 5.49%；全氮含量为五级（≤0.50 g/kg）的面积为 683.58 hm^2，占比 9.98%。表明博州九等地全氮含量以中高等为主，偏下的面积和比例较少。

九等地碱解氮含量为一级（>150 mg/kg）的面积为 33.32 hm^2，占比 0.49%；碱解氮含量为二级（120~150 mg/kg）的面积为 179.42 hm^2，占比 2.62%；碱解氮含量为三级（90~120 mg/kg）的面积为 2 555.16 hm^2，占比 37.31%；碱解氮含量为四级（60~90 mg/kg）的面积为 3 483.45 hm^2，占比 50.87%；碱解氮含量为五级（≤60 mg/kg）的面积为 596.22 hm^2，占比 8.71%。表明博州九等地碱解氮含量以中等偏下为主，偏上的面积和比例较少。

九等地有效磷含量为一级（>30.0 mg/kg）的面积为 2 102.09 hm^2，占比 30.70%；有效磷含量为二级（20.0~30.0 mg/kg）的面积为 3 026.98 hm^2，占比 44.21%；有效磷含量为三级（15.0~20.0 mg/kg）的面积为 1 473.24 hm^2，占比 21.51%；有效磷含量为四级（8.0~

15.0 mg/kg）的面积为 245.26 hm^2，占比 3.58%；无有效磷含量为五级（≤8.0 mg/kg）的耕地。表明博州九等地有效磷含量以高等为主，偏低的面积和比例较少。

九等地速效钾含量为一级（>250 mg/kg）的面积为 1 623.69 hm^2，占比 23.71%；速效钾含量为二级（200~250 mg/kg）的面积为 1 574.32 hm^2，占比 22.99%；速效钾含量为三级（150~200 mg/kg）的面积为 2 253.31 hm^2，占比 32.91%；速效钾含量为四级（100~150 mg/kg）的面积为 1 367.68 hm^2，占比 19.97%；速效钾含量为五级（≤100 mg/kg）的面积为 28.57 hm^2，占比 0.42%。表明博州九等地速效钾含量以中等偏上为主，偏低的面积和比例较少。

表 4-77　九等地土壤养分各级别面积与比例

养分项目	一级		二级		三级		四级		五级	
	面积（hm^2）	占比（%）	面积（hm^2）	占比（%）	面积（hm^2）	占比（%）	面积（hm^2）	占比（%）	面积（hm^2）	占比（%）
有机质	346.90	5.07	1431.46	20.90	3 862.39	56.41	387.60	5.66	819.22	11.96
全氮	320.88	4.69	2 312.20	33.77	3 154.92	46.07	375.99	5.49	683.58	9.98
碱解氮	33.32	0.49	179.42	2.62	2 555.16	37.31	3 483.45	50.87	596.22	8.71
有效磷	2 102.09	30.70	3 026.98	44.21	1 473.24	21.51	245.26	3.58	—	—
速效钾	1 623.69	23.71	1 574.32	22.99	2 253.31	32.91	1 367.68	19.97	28.57	0.42

第十一节　十等地耕地质量等级特征

一、十等地分布特征

（一）区域分布

博州十等地耕地面积 3 830.28 hm^2，占博州耕地面积的 2.04%。其中，博乐市 564.62 hm^2，占博乐市耕地的 0.69%；精河县 2 419.86 hm^2，占精河县耕地的 3.71%；温泉县 845.80 hm^2，占温泉县耕地的 2.10%。

表 4-78　各县市十等地面积及占辖区耕地面积的比例

县市	面积（hm^2）	比例（%）
博乐市	564.62	0.69
精河县	2 419.86	3.71
温泉县	845.80	2.10

十等地在各县市的分布差异较小，3 个县市的十等地面积占各县市耕地面积的比例都在 10%以下。

（二）土壤类型

从土壤类型来看，博州十等地分布面积和比例最大的土壤类型分别是草甸土、灌漠土和棕钙土，分别占十等地总面积的 44.63%、15.90%和 12.50%，其次是灰棕漠土、灰漠土和风沙土，其他土类分布面积较少。详见表 4-79。

表 4-79　十等地耕地主要土壤类型耕地面积与比例

土壤类型	面积（hm^2）	比例（%）
草甸土	1 709. 32	44. 63
潮土	145. 80	3. 81
风沙土	208. 33	5. 44
灌漠土	609. 15	15. 90
灰漠土	243. 74	6. 36
灰棕漠土	355. 04	9. 27
林灌草甸土	73. 28	1. 91
盐土	0. 66	0. 02
沼泽土	6. 32	0. 16
棕钙土	478. 64	12. 50
合计	3 830. 28	100. 00

二、十等地属性特征

（一）地形部位

十等地的地形部位面积与比例见表 4-80。十等地在平原高阶分布最多，面积为 1 720. 27 hm^2，占十等地总面积的 44. 91%；十等地在平原中阶分布面积为 1 503. 25 hm^2，占十等地总面积的 39. 25%；十等地在沙漠边缘分布面积为 271. 86 hm^2，占十等地总面积的 7. 10%；十等地在平原低阶分布面积为 243. 47 hm^2，占十等地总面积的 6. 36%；十等地在丘陵中部、河滩地、山地坡上和山地坡中有零星分布。

表 4-80　十等地的地形部位面积与比例

地形部位	面积（hm^2）	比例（%）
河滩地	26. 76	0. 70
平原高阶	1 720. 27	44. 91
平原中阶	1 503. 25	39. 25
平原低阶	243. 47	6. 36
丘陵中部	54. 59	1. 42
山地坡上	9. 46	0. 25
山地坡中	0. 62	0. 01
沙漠边缘	271. 86	7. 10

（二）灌溉能力

十等地中，灌溉能力为满足的耕地面积为 141. 41 hm^2，占十等地面积的 3. 69%；灌溉能力为基本满足的耕地面积为 899. 81 hm^2，占十等地面积的 23. 49%；灌溉能力为不满足的耕地面积为 2 789.06 hm^2，占十等地面积的 72.82%。

表 4-81　不同灌溉能力下十等地的面积与比例

灌溉能力	面积（hm^2）	比例（%）
满足	141.41	3.69
基本满足	899.81	23.49
不满足	2 789.06	72.82

（三）耕层质地

耕层质地在博州十等地中的面积及占比见表 4-82。十等地中，耕层质地以黏土、砂壤和砂土为主，面积分别为 1 799.99 hm^2、915.77 hm^2 和 914.29 hm^2，占比分别为 46.99%、23.91%和 23.87%，中壤、重壤和轻壤所占比例较低。

表 4-82　十等地与耕层质地

耕层质地	面积（hm^2）	比例（%）
砂土	914.29	23.87
砂壤	915.77	23.91
轻壤	9.46	0.25
中壤	158.80	4.15
重壤	31.97	0.83
黏土	1 799.99	46.99
总计	3 830.28	100.00

（四）盐渍化程度

十等地的盐渍化程度见表 4-83。无盐渍化的耕地面积为 1 074.88 hm^2，占十等地总面积的 28.06%；轻度盐渍化的耕地面积为 470.06 hm^2，占十等地总面积的 12.27%；中度盐渍化的耕地面积为 151.39 hm^2，占十等地总面积的 3.95%；重度盐渍化的耕地面积为 2 036.85 hm^2，占十等地总面积的 53.18%；盐土耕地面积为 97.10 hm^2，占十等地总面积的 2.54%。

表 4-83　十等地的盐渍化程度

盐渍化程度	面积（hm^2）	比例（%）
无	1 074.88	28.06
轻度	470.06	12.27
中度	151.39	3.95
重度	2 036.85	53.18
盐土	97.10	2.54
总计	3 830.28	100.00

（五）养分状况

对博州十等地耕层养分进行统计见表 4-84。十等地的养分含量平均值分别为：有机质 18.1 g/kg、全氮 0.94 g/kg、碱解氮 82.8 mg/kg、有效磷 43.1 mg/kg、速效钾 202 mg/kg、缓效钾 969 mg/kg、有效硼 3.6 mg/kg、有效锌 0.78 mg/kg、有效锰 6.1 mg/kg、有效铁 7.7 mg/kg、有效铜 1.46 mg/kg、有效钼 0.26 mg/kg、有效硫 1 259.90 mg/kg、有效硅 327.80 mg/kg、pH 值为 7.75、盐分 10.9 g/kg。

对博州十等地中各县市的土壤养分含量平均值比较见表 4-84，可以发现有机质含量博乐市最高，为 20.1 g/kg，精河县最低，为 17.1 g/kg；全氮含量博乐市最高，为 1.09 g/kg，精河县最低，为 0.88 g/kg；碱解氮含量博乐市最高，为 110.5 mg/kg，精河县最低，为 73.6 mg/kg；有效磷含量精河县最高，为 49.7 mg/kg，温泉县最低，为 18.7 mg/kg；速效钾含量博乐市最高，为 293 mg/kg，温泉县最低，为 138 mg/kg；缓效钾含量温泉县最高，为 1029 mg/kg，精河县最低，为 931 mg/kg；盐分含量精河县最高，为 14.4 g/kg，温泉县最低，为 1.0 g/kg。微量元素硼、钼、铜、铁、锰、锌的有效含量各有高低。

表 4-84　十等地中各县市土壤养分含量平均值比较

养分项目	博乐市	精河县	温泉县	博州
有机质（g/kg）	20.1	17.1	19.3	18.1
全氮（g/kg）	1.09	0.88	1.02	0.94
碱解氮（mg/kg）	110.5	73.6	81.8	82.8
有效磷（mg/kg）	42.6	49.7	18.7	43.1
速效钾（mg/kg）	293	187	138	202
缓效钾（mg/kg）	1 029	958	931	969
有效硼（mg/kg）	2.7	4.6	1.0	3.6
有效锌（mg/kg）	0.82	0.82	0.58	0.78
有效锰（mg/kg）	7.4	5.3	7.7	6.1
有效铁（mg/kg）	8.8	7.0	8.8	7.7
有效铜（mg/kg）	1.36	1.63	0.95	1.46
有效钼（mg/kg）	0.40	0.25	0.13	0.26
有效硫（mg/kg）	496.22	1822.18	121.66	1 259.90
有效硅（mg/kg）	220.34	411.38	150.73	327.80
pH 值	7.78	7.69	7.96	7.75
盐分（g/kg）	8.2	14.4	1.0	10.9

十等地有机质含量为一级（>25.0 g/kg）的面积为 97.83 hm^2，占比 2.55%；有机质含量为二级（20.0~25.0 g/kg）的面积为 1 016.54 hm^2，占比 26.54%；有机质含量为三级（15.0~20.0 g/kg）的面积为 2 301.55 hm^2，占比 60.10%；有机质含量为四级（10.0~15.0 g/kg）的面积为 233.45 hm^2，占比 6.09%；有机质含量为五级（≤10.0 g/kg）的面积为 180.91 hm^2，占比 4.72%。表明博州十等地有机质含量以中等偏高为主，偏低的面积和比例较少。

十等地全氮含量为一级（>1.50 g/kg）的面积为 95.67 hm^2，占比 2.50%；全氮含量为二级（1.00~1.50 g/kg）的面积为 1 090.94 hm^2，占比 28.48%；全氮含量为三级（0.75~1.00 g/kg）的面积为 2 288.59 hm^2，占比 59.75%；全氮含量为四级（0.50~0.75 g/kg）的面积为 213.78 hm^2，占比 5.58%；全氮含量为五级（≤0.50 g/kg）的面积为 141.30 hm^2，占比 3.69%。表明博州十等地全氮含量以中高等为主，偏下的面积和比例较少。

十等地碱解氮含量为一级（>150 mg/kg）的没有；碱解氮含量为二级（120~150 mg/kg）的面积为 285.93 hm^2，占比 7.47%；碱解氮含量为三级（90~120 mg/kg）的面积为 316.81 hm^2，占比 8.27%；碱解氮含量为四级（60~90 mg/kg）的面积为 2 958.60 hm^2，占比 77.24%；碱解氮含量为五级（≤60 mg/kg）的面积为 268.94 hm^2，占比 7.02%。表明博州十等地碱解氮含量以偏下为主，中等和偏上的面积和比例较少。

十等地有效磷含量为一级（>30.0 mg/kg）的面积为 2 226.50 hm^2，占比 58.13%；有效磷含量为二级（20.0~30.0 mg/kg）的面积为 575.46 hm^2，占比 15.02%；有效磷含量为三级（15.0~20.0 mg/kg）的面积为 832.57 hm^2，占比 21.74%；有效磷含量为四级（8.0~15.0 mg/kg）的面积为 130.86 hm^2，占比 3.42%；有效磷含量为五级（≤8.0 mg/kg）的面积为 64.89 hm^2，占比 1.69%。表明博州十等地有效磷含量以高等为主，偏低的面积和比例较少。

十等地速效钾含量为一级（>250 mg/kg）的面积为 376.03 hm^2，占比 9.82%；速效钾含量为二级（200~250 mg/kg）的面积为 437.33 hm^2，占比 11.42%；速效钾含量为三级（150~200 mg/kg）的面积为 1 708.36 hm^2，占比 44.60%；速效钾含量为四级（100~150 mg/kg）的面积为 1 150.23 hm^2，占比 30.03%；速效钾含量为五级（≤100 mg/kg）的面积为 158.33 hm^2，占比 4.13%。表明博州十等地速效钾含量以中等偏下为主，偏上的面积和比例较少。

表 4-85　十等地土壤养分各级别面积与比例

养分项目	一级		二级		三级		四级		五级	
	面积（hm^2）	占比（%）	面积（hm^2）	占比（%）	面积（hm^2）	占比（%）	面积（hm^2）	占比（%）	面积（hm^2）	占比（%）
有机质	97.83	2.55	1 016.54	26.54	2 301.55	60.10	233.45	6.09	180.91	4.72
全氮	95.67	2.50	1 090.94	28.48	2 288.59	59.75	213.78	5.58	141.30	3.69
碱解氮	—	—	285.93	7.47	316.81	8.27	2 958.60	77.24	268.94	7.02
有效磷	2 226.50	58.13	575.46	15.02	832.57	21.74	130.86	3.42	64.89	1.69
速效钾	376.03	9.82	437.33	11.42	1 708.36	44.60	1 150.23	30.03	158.33	4.13

第十二节　耕地质量提升与改良利用

耕地质量评价的目的是依据评价的结果对博州的耕地质量进行保护提升，以逐步提高博州农作物产量，改良中低产田。博州气候条件差、地形地貌较为复杂，因此对于本次评价出的不同等级的耕地在耕地质量提升与改良措施上应分别对待，依据各等级及其主要障碍因素，分别采取不同的地力提升与改良措施。本次评价出的一等至三等地限制因素相对较少，归为高等地；四等至六等地限制因素中等，归为中等地；七等至十级耕地肥力低，具有较多的限制因素，因此归为低等地。针对博州高、中、低不同质量等级的耕地，要因地制宜地确定改良利用方案，科学规划，合理配置，并制定相应的政策法规，以地力培肥、土壤改良、养分平衡、质量修复为主要出发点，做到因土用地，在保证耕地质量不下降的基础上，实现经济、社会、生态环境的同步发展，着力提升耕地内在质量，为农业生产夯实长远基础。

一、高等地的地力保持途径

博州高等地主要分布在具有灌溉条件的平原上，质地壤土，障碍因素较少，熟化程度高，有机质及养分含量高，机械化耕作与收割方便，适种范围广，是博州重要的农作物产地。但由于博州地力基础较低，因此地力保持途径关键在于以下三点。

一是增施有机肥，以不断培肥地力。通过政府引导、部门示范等途径，逐渐改变农户重化学肥料、轻有机肥料的习惯，提高农户秸秆还田和农家肥的施用量，以保持和提高地力。

二是完善灌溉配套设施。充分利用博州现有的河流、水库等水利条件，改造陈旧灌溉沟渠，推进高效、节水灌溉方式的推广。

三是用地养地相结合。尽管博州的高等地目前而言具有一定程度的优势，但毕竟处于干旱、半干旱地区，易受到多重因素的威胁，因此在利用上应尽可能让高等地发挥作用，还要注重耕地的养护。可采取轮作、套种复种绿肥及豆类等形式，以达到培肥地力、维持土壤养分平衡的目的。

二、中等地的地力提升措施

博州中等地主要分布在具有一定灌溉条件的平原，这些耕地分布范围广、面积较大，质地中等，土壤质量差别较大，有机质及养分含量中等，灌溉能力多为满足或基本满足，生产潜力巨大。应从以下 4 个方面提升地力。

第一，大力促进秸秆还田及有机肥的施用，以培肥地力。土壤有机质和养分含量较低是博州中等地质量低下的重要原因之一，一方面可以通过发展博州具有优势的畜牧业，多积农家肥，另一方面将作物秸秆制肥施入农田，同时也要保证化学肥料的合理投入。

第二，加大农、林、路、渠的配套建设。博州中等地所处区域一般较为干旱，生态环境脆弱，易受干旱、大风等危害影响，因此需要尽快建立健全农、林、路、渠相配套的高标准农田，同时充分利用现有的河流、水库等水资源，大力发展节水农业，提高中等地的灌溉水平和能力，努力改善农田环境，增强农业抵抗和防御自然灾害的能力。

第三，可以实行耕地休耕制度。博州中等地尽管具有较高的潜力，但也不能过度利用，可以在一些地方试点耕地轮休制度，特别是果粮果经间套作作物休耕，通过深翻之后让耕地休息 1~2 年，种植绿肥、油菜等实现用地养地相结合，保护和提升地力，增强农业发展后劲。

第四，积极推广应用农业新技术，大力推广测土配方施肥、有机肥积造、化肥农药减施等技术，在增施农家肥的基础上，精细整地，隔年轮翻加深耕等活化土壤。

三、低等地的培肥改良途径

博州低等地部分是由于养分贫瘠造成的，其他因素如盐渍化、荒漠化、水资源短缺等均可能是限制耕地质量的因素，因此可以将博州低等地按照限制因素的不同划分成不同的类型，并针对不同的类型提出相应的改良措施。

1. 肥力贫瘠型

此类耕地主要分布在土壤发育微弱、植被覆盖度较低、养分积累困难、有机质及养分含量低的地带，因此在改良上应以增施有机肥和补充作物所需氮磷钾肥为主，同时注重秸秆还田，使地力逐渐提高。

2. 水、热限制型

此类耕地所处海拔较高，水热成为农作物生长的限制因素。从土壤本身的肥力来看，其有机质及各种养分含量并不低，但由于全年仅有夏季才会有较高的热量，受到积温的限制，不利于作物的生长。对于此类耕地，应通过抢抓农时，充分利用热量最为丰富的夏季，合理规划农作物种植时间，也可以通过引进适宜热量限制区域的农作物品种进行种植。

3. 盐碱障碍型

这类耕地在博州分布面积较广，除部分是土壤本身盐碱含量较高引起的，还有一部分是由于不合理的灌溉引起的次生盐渍化。对于此类耕地的改良，一是可以建立完善的排灌系统，做到灌、排分开，加强用水管理，严格控制地下水水位，通过灌水冲洗、引洪放淤等，不断淋洗和排除土壤中的盐分。二是通过深耕、平整土地、加填客土、盖草、翻淤、盖沙、增施有机肥等方法改善土壤成分和结构，增强土壤渗透性能，加速盐分淋洗。三是可以种植和翻压绿肥牧草、秸秆还田、施用菌肥、种植耐盐植物、植树造林等，提高土壤肥力，改良土壤结构，并改善农田小气候，减少地表水分蒸发，抑制返盐。四是通过施用土壤改良剂改变土壤胶体吸附性阳离子的组成，促进团粒结构的形成，改善土壤的通透性，加速土体脱盐，防止返盐；施用腐殖酸类改良剂、酸碱平衡剂等调节土壤的酸碱度，改变土壤溶液反应，改善营养状况，防止碱害。

4. 沙化威胁型

这类耕地主要分布在距离沙漠较近的绿洲、农牧交错区域，由于人为过度放牧或翻耕受到沙化威胁，土壤表现为过分疏松、漏水漏肥、有机质缺乏、蒸发量大、保温性能低、肥劲短、后期易脱肥等特点。对于这类耕地，一是大量施用有机肥料。这是改良沙质土壤的最有效方法，即把各种厩肥、堆肥在春耕或秋耕时翻入土中，由于有机质的缓冲作用，可以适当多施可溶性化学肥料，尤其是铵态氮肥和磷肥能够保存在土中不至流失。二是施用河泥、塘泥。施用河泥不但可以增加土壤养分的补给，还可以使过度疏松、漏水、漏肥的现象大有改善。三是在两季作物间隔的空余季节，种植豆科蔬菜间作、轮作，以增加土壤中的腐殖质和氮素肥料。同时，为了阻止土壤的进一步沙化，在受到沙化威胁的耕地周围建立必要的防护林体系。

5. 水源短缺型

这类耕地主要是由于距离水源地较远，常年缺水，导致作物收成很低。对于这类耕地，应大力加强排水灌溉设施建设，改善灌溉条件；还可通过改变耕作方式、应用高效节水技术、加强田间水肥管理、覆盖地膜等提高水分利用效率，并通过秸秆覆盖减少地面蒸发，这些途径在一定程度上可以提高作物产量。

第五章

耕地土壤有机质及主要营养元素

土壤有机质及主要营养元素是作物生长发育所必需的物质基础，其含量直接影响作物的生长发育及产量与品质。土壤有机质及主要营养元素状况是土壤肥力的核心内容，是土壤生产力的物质基础，农业生产上通常以土壤耕层养分含量作为衡量土壤肥力高低的主要依据。通过对博州耕地土壤有机质及主要营养元素状况的测定评价，以期为该区域作物科学施肥制度的建立、高产高效及环境安全的可持续发展提供技术支撑。

根据博州土壤有机质及养分含量状况，将土壤有机质、全氮、碱解氮、有效磷、速效钾、缓效钾、有效铁、有效锰、有效铜、有效锌、有效硫、有效硅、有效钼和有效硼等土壤主要营养元素指标分为 5 个级别，见表 5-1。

表 5-1　博州土壤有机质及主要营养元素分级标准

项目	一级（高）	二级（较高）	三级（中）	四级（较低）	五级（低）
有机质（g/kg）	>25.0	20.0~25.0	15.0~20.0	10.0~15.0	≤10.0
全氮（g/kg）	>1.50	1.00~1.50	0.75~1.00	0.50~0.75	≤0.50
碱解氮（mg/kg）	>150	120~150	90~120	60~90	≤60
有效磷（mg/kg）	>30.0	20.0~30.0	15.0~20.0	8.0~15.0	≤8.0
速效钾（mg/kg）	>250	200~250	150~200	100~150	≤100
缓效钾（mg/kg）	>1 200	1 000~1 200	800~1 000	600~800	≤600
有效铁（mg/kg）	>20.0	15.0~20.0	10.0~15.0	5.0~10.0	≤5.0
有效锰（mg/kg）	>15.0	10.0~15.0	5.0~10.0	3.0~5.0	≤3.0
有效铜（mg/kg）	>2.00	1.50~2.00	1.00~1.50	0.50~1.00	≤0.50
有效锌（mg/kg）	>2.00	1.50~2.00	1.00~1.50	0.50~1.00	≤0.50
有效硫（mg/kg）	>50.0	30.0~50.0	15.0~30.0	10.0~15.0	≤10.0
有效硅（mg/kg）	>250	150~250	100~150	50~100	≤50
有效钼（mg/kg）	>0.20	0.15~0.20	0.10~0.15	0.05~0.10	≤0.05
有效硼（mg/kg）	>2.00	1.50~2.00	1.00~1.50	0.50~1.00	≤0.50

第一节　土壤有机质

土壤有机质是指存在于土壤中的所有含碳的有机化合物，它主要包括土壤中各种动物、植物残体，微生物体及其分解和合成的各种有机化合物，其中经过微生物作用形成的腐殖质，主要为腐殖酸及其盐类物质，是土壤有机质的主体。土壤有机质基本成分是纤维素、木质素、淀粉、糖类、油脂、蛋白质等，土壤有机质的主要元素组成是碳、氧、氢、氮，分别占 52%~58%、9%~34%、3.3%~4.8%和 3.7%~4.1%，其次还有硫、磷、铁、镁等。

土壤有机质是衡量土壤肥力的重要指标之一，它是土壤的重要组成部分，它不仅是植物营养的重要来源，也是微生物生活和活动的能源。土壤有机质与土壤的发生演变、肥力水平和诸多属性密切相关，而且对于土壤结构的形成、熟化，改善土壤物理性质，调节水肥气热状况也起着重要作用。土壤有机质不仅含有作物生长所需的各种养分，可以直接或间接地为作物生长提供氮、磷、钾、钙、镁、硫和各种微量元素，还影响和制约土壤结构的形成及通气性、渗透性、缓冲性、交换性能和保水保肥性能，是评价耕地质量的重要指标。

一、土壤有机质含量及其空间差异

通过对博州259个耕层土壤样品有机质含量测定结果分析，博州耕层土壤有机质平均值为21.1 g/kg。平均含量以精河县含量最高，为22.0 g/kg，其次为温泉县，为20.7 g/kg，博乐市含量最低，为20.5 g/kg。

博州土壤有机质平均变异系数为46.54%，最大值出现在精河县，为63.64%；最小值出现在温泉县，为20.82%。详见表5-2。

表5-2 博州土壤有机质含量及其空间差异

县市	点位数（个）	平均值（g/kg）	标准差（g/kg）	变异系数（%）
博乐市	105	20.5	7.05	34.39
精河县	95	22.0	14.0	63.64
温泉县	59	20.7	4.31	20.82
博州	259	21.1	9.82	46.54

二、不同土壤类型有机质含量

通过对博州不同土壤类型有机质测定值分析，耕层土壤有机质平均值最高出现在沼泽土，为30.8 g/kg，最低出现在盐土，为15.6 g/kg。

不同土壤类型土壤有机质变异系数以灰棕漠土最大，为84.26%，以林灌草甸土变异系数最小，为2.72%。详见表5-3。

表5-3 博州不同土壤类型有机质含量

土壤类型	点位数（个）	平均值（g/kg）	标准差（g/kg）	变异系数（%）
草甸土	32	21.4	9.58	44.77
潮土	52	20.9	8.42	40.29
风沙土	2	16.8	5.59	33.27
灌漠土	36	22.1	8.10	36.65
灰漠土	48	19.8	9.98	50.40
灰棕漠土	26	19.7	16.6	84.26
林灌草甸土	2	18.0	0.49	2.72
盐土	2	15.6	5.94	38.08
沼泽土	13	30.8	12.9	41.88
棕钙土	46	20.5	4.51	22.00

三、不同地形部位土壤有机质含量

博州不同地形部位土壤有机质含量平均值由高到低顺序为：山地坡中>平原中阶>沙漠边缘>平原低阶>山地坡上>河滩地>平原高阶，山地坡中有机质含量平均值最高，为27.4 g/kg，平原高阶有机质含量平均值最低，为17.3 g/kg。

不同地形部位土壤有机质变异系数最大值出现在平原高阶，为51.91%，最小值出现在沙漠边缘，为9.91%。详见表5-4。

表5-4　博州不同地形部位土壤有机质含量

地形	点位数（个）	平均值（g/kg）	标准差（g/kg）	变异系数（%）
河滩地	1	17.6	—	—
平原高阶	43	17.3	8.98	51.91
平原中阶	143	22.2	11.2	50.45
平原低阶	48	21.6	7.35	34.03
山地坡上	21	20.3	3.40	16.75
山地坡中	1	27.4	—	—
沙漠边缘	2	22.1	2.19	9.91

四、不同耕层质地土壤有机质含量

通过对博州不同耕层质地样品土壤有机质含量测试结果分析，土壤有机质平均含量从高到低的顺序，表现为中壤>重壤>轻壤>砂壤>黏土>砂土，其中中壤最高，为22.8 g/kg，砂土最低，为17.6 g/kg。

不同耕层质地土壤有机质变异系数以黏土最大，为75.28%，砂壤最小，为29.12%。详见表5-5。

表5-5　博州不同耕层质地土壤有机质含量

质地	点位数（个）	平均值（g/kg）	标准差（g/kg）	变异系数（%）
砂土	31	17.6	10.1	57.39
砂壤	56	19.4	5.65	29.12
轻壤	37	20.9	8.28	39.62
中壤	105	22.8	12.1	53.07
重壤	28	22.5	6.91	30.71
黏土	2	17.8	13.4	75.28

五、土壤有机质的分级与分布

从博州耕层土壤有机质分级面积统计数据看，博州耕地土壤有机质多数在二级、三级，其中，一级占15.65%，二级占37.75%，三级占40.82%，四级占4.21%，五级占1.57%。提升空间较大。详见表5-6、图5-1。

表 5-6 土壤有机质各等级在博州的分布

县市	一级（>25.0 g/kg）		二级（20.0~25.0 g/kg）		三级（15.0~20.0 g/kg）		四级（10.0~15.0 g/kg）		五级（≤10.0 g/kg）		合计	
	面积（hm^2）	占比（%）	面积（hm^2）	占比（%）	面积（hm^2）	占比（%）	面积（hm^2）	占比（%）	面积（hm^2）	占比（%）	面积（hm^2）	占比（%）
博乐市	8 513.22	28.98	35 267.85	49.78	36 732.90	47.94	1 647.00	20.86	—	—	82 160.97	43.78
精河县	18 597.58	63.30	14 205.48	20.05	23 622.02	30.83	5 904.47	74.80	2 948.03	100.00	65 277.58	34.78
温泉县	2 267.33	7.72	21 374.09	30.17	16 263.15	21.23	342.47	4.34	—	—	40 247.04	21.44
总计	29 378.13	15.65	70 847.42	37.75	76 618.07	40.82	7 893.94	4.21	2 948.03	1.57	187 685.59	100.00

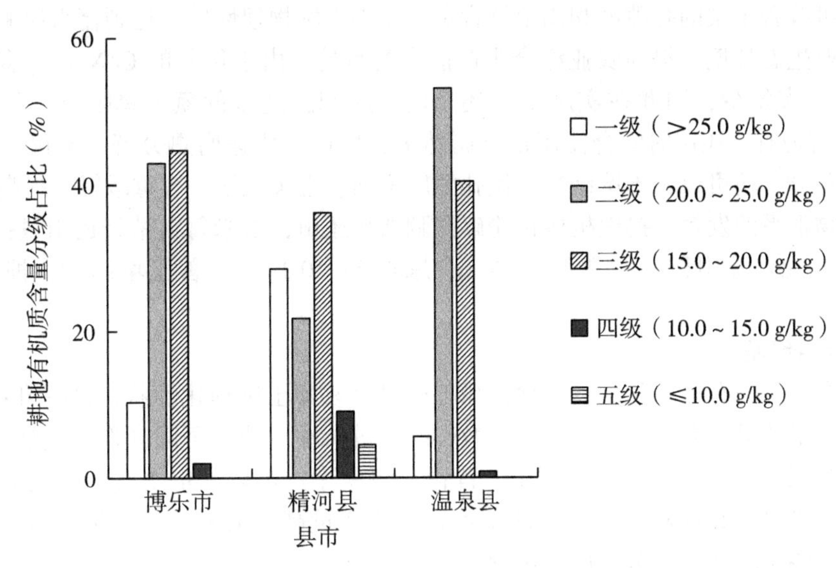

图 5-1 有机质含量在各县市的分级占比

（一）一级

博州有机质为一级的耕地面积 29 378. 13 hm^2，其中精河县面积最大，为 18 597. 58 hm^2，占有机质为一级的耕地面积的 63. 30%，其次为博乐市和温泉县，分别占 28. 98%和 7. 72%。

（二）二级

博州有机质为二级的耕地面积 70 847. 42 hm^2，其中博乐市面积最大，为 35 267. 85 hm^2，占有机质为二级的耕地面积的 49. 78%，其次为温泉县和精河县，分别占 30. 17%和 20. 05%。

（三）三级

博州有机质为三级的耕地面积 76 618. 07 hm^2，其中博乐市面积最大，为 3 6732. 90 hm^2，占有机质为三级的耕地面积的 47. 94%，其次为精河县和温泉县，分别占 30. 83%和 21. 23%。

（四）四级

博州有机质为四级的耕地面积 7893. 94 hm^2，其中精河县面积最大，为 5 904. 47 hm^2，占有机质为四级的耕地面积的 74. 80%，其次为博乐市和温泉县，分别占 20. 86%和 4. 34%。

（五）五级

博州有机质为五级的耕地面积 2 948. 03 hm^2，仅在精河县分布。

六、土壤有机质调控

土壤有机质在微生物的作用下，不断进行着矿质化过程和腐殖化过程，在增加有机质的前提下，使土壤的腐殖化过程大于矿化过程，土壤有机质含量出现增长，满足作物在连续生产中对土壤肥力的要求，实现了农业可持续发展。秸秆还田、种植绿肥、增施有机肥与合理的养分配比是博州土壤有机质提升的有效途径。

（一）大力推广秸秆直接还田

秸秆中含有大量的有机质、氮磷钾和微量元素，将其归还于土壤中，不但可以提高土壤有机质，还可改善土壤的孔隙度和团聚体含量，改善土壤物理性质，达到蓄水保墒、培肥地力、改善农业生态环境、提高农业综合生产能力的目的。由于秸秆的 C/N 大 [多在（60~100）：1]，碳多氮少，因此在实施秸秆还田时，应配施适量的氮、磷肥料。还田量一般 200~400kg/亩为宜。还田时配合使用秸秆腐熟剂，使秸秆快速腐熟分解，不仅可以增加土壤有机质和养分，还可改善土壤结构，使孔隙度增加、土壤疏松、容重减轻，提高微生物活力和促进作物根系的发育。提倡机械化粉碎深翻秸秆还田，玉米每亩秸秆还田量控制在 600 kg 以内，同时配合施用秸秆腐熟剂 3~5 kg+尿素 5~10 kg，改善土壤结构，抑制土壤盐碱化。

（二）种植绿肥

绿肥含有丰富的有机质及氮素，种植绿肥可显著改善土壤理化性状，是提升耕地质量、减少化肥使用量的措施之一，是现代绿色增产的关键所在。博州可间套作和复播种植绿肥，常用的豆科绿肥（如草木樨、毛叶苕子、苜蓿、豌豆等）可以固定空气中的氮素，增加土壤氮素的有效供给。非豆科绿肥（如油菜等）生物产量高，柔嫩多汁，翻压到土壤中，能快速腐解，也能快速增加土壤有机质含量。

（三）增施农家肥及商品有机肥

农家肥与商品有机肥有机质含量高，制造原理基本相同，只不过商品有机肥是在工厂发酵，条件可控，发酵彻底。要充分利用各种废弃物制造有机肥料，提升土壤有机质含量，促进农业资源的循环利用。结合饲养业和沼气业的发展，拓宽有机肥来源。改进有机肥制造方法和技术，提高工效，减少损失，增进肥效。充分利用各种渣肥（糖渣、酒渣、菇渣、酱渣）、饼肥（棉籽饼、豆饼）制造有机肥。使有机肥含量高浓度化，形状颗粒化。同时重视商品有机肥和无机复混肥的施用。让农民在施用有机肥时像施用化肥一样省工、省力，当年见效，以提高农民施用有机肥的积极性。

（四）开展测土配方施肥

测土配方施肥是一种科学施肥方法。它是在施用有机肥的基础上，通过土壤测试、植株营养诊断、田间试验提出合理的养分配比，满足作物均衡吸收各种养分，达到有机与无机养分平衡。有机、无机肥料相结合，一直是科学施肥所倡导的施肥原则，可以对种植的作物生长起到缓急相济、互补长短，缓解氮磷钾比例失调，提高肥料利用率，培肥地力。

第二节　土壤全氮

氮是作物生长发育所必需的营养元素之一，也是农业生产中影响作物产量的最主要的养分限制因子。土壤中的全氮含量代表着土壤氮素的总贮量和供氮潜力。因此，土壤全氮是土壤肥力的主要指标之一。

土壤中的氮元素可分为有机氮和无机氮，两者之和称为全氮。土壤中的氮素绝大部分以有机态的氮存在，无机氮主要是铵态氮、硝态氮和亚硝态氮，它们容易被作物吸收利用。耕作土壤氮素的来源主要为生物固氮、降水、灌水和地下水、施入土壤中的含氮肥料。全氮的含量与有机质含量呈正相关，是影响土壤有机质的因素，包括水热条件、土壤质地、微生物种类与数量等，都会对土壤氮素含量产生显著影响。另外，土壤中氮素的含量还受耕作、施肥、灌溉及利用方式的影响，变异性很大。

一、土壤全氮含量及其空间差异

通过对博州259个耕层土壤样品全氮含量测定结果分析，博州耕层土壤全氮平均值为1.17 g/kg。平均含量以精河县含量最高，为1.28 g/kg，其次为博乐市，为1.12 g/kg，温泉县含量最低，为1.09 g/kg。

博州土壤全氮平均变异系数为62.25%，最大值出现在精河县，为87.12%；最小值出现在温泉县，为20.21%。详见表5-7。

表5-7　博州土壤全氮含量及其空间差异

县市	点位数（个）	平均值（g/kg）	标准差（g/kg）	变异系数（%）
博乐市	105	1.12	0.39	34.58
精河县	95	1.28	1.12	87.12
温泉县	59	1.09	0.22	20.21
博州	259	1.17	0.73	62.25

二、不同土壤类型全氮含量

通过对博州不同土壤类型全氮测定值分析，耕层土壤全氮含量平均最高值出现在沼泽土，为1.62 g/kg，最低值出现在盐土，为0.89 g/kg。

不同土壤类型土壤全氮变异系数以潮土最大，为94.14%，以林灌草甸土变异系数最小，为5.03%。详见表5-8。

表5-8　博州不同土壤类型全氮含量

土壤类型	点位数（个）	平均值（g/kg）	标准差（g/kg）	变异系数（%）
草甸土	32	1.16	0.53	46.08
潮土	52	1.30	1.22	94.14
风沙土	2	0.91	0.33	35.74
灌漠土	36	1.21	0.46	38.37
灰漠土	48	1.07	0.52	48.33
灰棕漠土	26	1.06	0.86	80.64
林灌草甸土	2	0.99	0.05	5.03
盐土	2	0.89	0.30	33.37
沼泽土	13	1.62	0.67	41.03
棕钙土	46	1.09	0.27	25.15

三、不同地形部位土壤全氮含量

博州不同地形部位土壤全氮含量平均值由高到低顺序为：山地坡中>平原中阶>沙漠边缘>平原低阶>山地坡上>河滩地>平原高阶。山地坡中全氮含量最高，为1.31 g/kg，平原高阶全氮含量最低，为 0.93 g/kg。

不同地形部位土壤全氮变异系数最大值出现在平原中阶，为 71.47%，最小值出现在沙漠边缘，为 6.84%。详见表 5-9。

表 5-9　博州不同地形部位土壤全氮含量

地形	点位数（个）	平均值（g/kg）	标准差（g/kg）	变异系数（%）
河滩地	1	0.95	—	—
平原高阶	43	0.93	0.51	54.41
平原中阶	143	1.26	0.90	71.47
平原低阶	48	1.18	0.40	33.63
山地坡上	21	1.06	0.19	17.96
山地坡中	1	1.31	—	—
沙漠边缘	2	1.24	0.08	6.84

四、不同耕层质地土壤全氮含量

通过对博州不同耕层质地样品土壤全氮含量测试结果分析，土壤全氮平均含量从高到低的顺序，表现为中壤>重壤>轻壤>砂壤>黏土>砂土，其中中壤最高，为 1.33 g/kg，砂土最低，为 0.96 g/kg。

不同耕层质地土壤全氮变异系数以中壤最大，为 75.94%，以砂壤最小，为 28.16%，详见表 5-10。

表 5-10　博州不同耕层质地土壤全氮含量

质地	点位数（个）	平均值（g/kg）	标准差（g/kg）	变异系数（%）
砂土	31	0.96	0.57	59.38
砂壤	56	1.03	0.29	28.16
轻壤	37	1.10	0.44	40.00
中壤	105	1.33	1.01	75.94
重壤	28	1.24	0.38	30.65
黏土	2	0.99	0.60	60.61

五、土壤全氮的分级与分布

从博州耕层土壤全氮分级面积统计数据看，博州耕地土壤全氮多数在二级、三级。按等级分，一级占 10.63%，二级占 58.09%，三级占 27.00%，四级占 3.11%，五级占 1.17%。提升空间较大。详见表 5-11、图 5-2。

（一）一级

博州全氮为一级的耕地面积 19 939.98 hm^2，其中精河县面积最大，为 14 271.10 hm^2，占全氮为一级的耕地面积的 71.57%，其次为博乐市和温泉县，分别占 25.50%和 2.93%。

表 5-11　土壤全氮各等级在博州的分布

县市	一级（>1.50 g/kg）		二级（1.00~1.50 g/kg）		三级（0.75~1.00 g/kg）		四级（0.50~0.75 g/kg）		五级（≤0.50 g/kg）		合计	
	面积（hm^2）	占比（%）	面积（hm^2）	占比（%）	面积（hm^2）	占比（%）	面积（hm^2）	占比（%）	面积（hm^2）	占比（%）	面积（hm^2）	占比（%）
博乐市	5 084.42	25.50	53 005.00	48.62	23 375.62	46.12	695.93	11.92	—	—	82 160.97	43.78
精河县	14 271.10	71.57	27 614.31	25.33	16 047.79	31.66	5 144.24	88.08	2 200.14	100.00	65 277.58	34.78
温泉县	584.46	2.93	28 403.64	26.05	11 258.94	22.22	—	—	—	—	40 247.04	21.44
总计	19 939.98	10.63	109 022.95	58.09	50 682.35	27.00	5 840.17	3.11	2 200.14	1.17	187 685.59	100.00

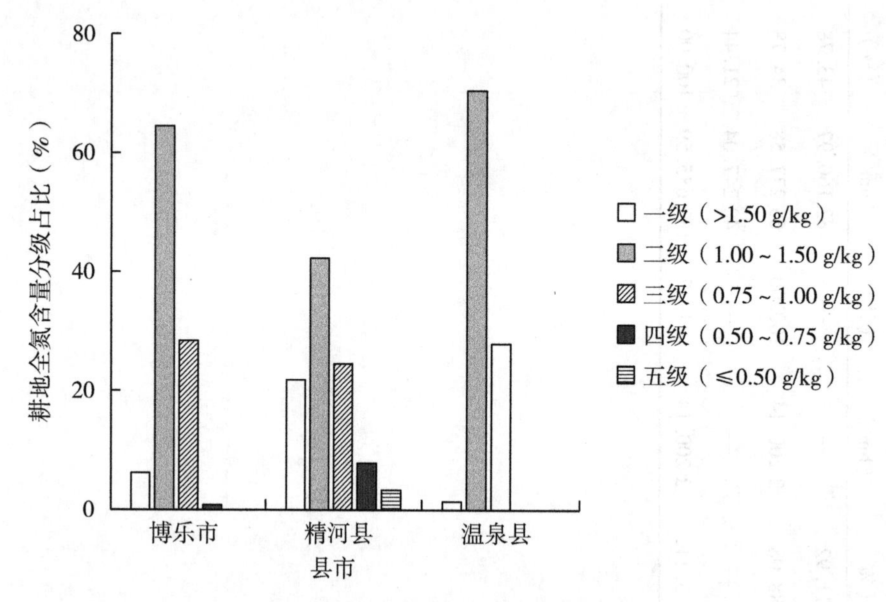

图 5-2 全氮含量在各县市的分级占比

（二）二级

博州全氮为二级的耕地面积 109 022.95 hm^2，其中博乐市面积最大，为 53 005.00 hm^2，占全氮为二级的耕地面积的 48.62%，其次为温泉县和精河县，分别占 26.05%和 25.33%。

（三）三级

博州全氮为三级的耕地面积 50 682.35 hm^2，其中博乐市面积最大，为 23 375.62 hm^2，占全氮为三级的耕地面积的 46.12%，其次为精河县和温泉县，分别占 31.66%和 22.22%。

（四）四级

博州全氮为四级的耕地面积 5 840.17 hm^2，其中精河县面积最大，为 5 144.24 hm^2，占全氮为四级的耕地面积的 88.08%，其次为博乐市，占 11.92%。温泉县无全氮为四级的耕地分布。

（五）五级

博州全氮为五级的耕地面积 2 200.14 hm^2，仅在精河县分布。

六、土壤全氮调控

土壤全氮反映土壤氮素的总贮量和供氮潜力，土壤速效氮反映近期土壤的氮素供应能力。土壤氮的有效化过程（包括氨化作用和硝化作用）和无效化过程（包括反硝化作用、化学脱氮作用和矿物晶格固定）是土壤氮素的调控关键。合理施肥、耕作、灌溉等，控制土壤氮素的有机矿化速率以尽量减少氮素损失的数量，又能达到提高土壤氮素的利用率的效果。

（一）调节土壤 C/N

土壤全氮含量与施入的氮肥呈正相关，施入的氮肥越高，土壤全氮的含量也会随之增加。利用有机物质 C/N 与土壤有效氮的相互关系，来调节土壤氮素状况。在有机物质开始分解时，其 C/N >30，矿化作用所释放的有效氮量远小于微生物吸收同化的数量，此时微生物要从土壤中吸收一部分原有的氮，转为微生物体中的有机氮。随着有机物的不断分解，其中碳被用作微生物活动的能源所消耗，剩余物质的 C/N 迅速下降。当 C/N 达到 15~30 时，矿化释放的氮量和同化的固氮量基本相等，此时土壤中的氮素无亏损。全氮进一步分解，微生物种类更迭，剩余物质的 C/N 继续不断下降，当下降到 C/N<15 时，氮的矿化量超过了同化量，土壤的有效氮有了盈余，作物的氮营养条件也开始得到改善。

（二）合理施用氮肥

合理施用氮肥的目的在于减少氮素的损失，提高氮肥利用率，充分发挥氮肥增产效益。要做到合理施用，必须根据下列因素来考虑氮肥的分配和施用。

1. 土壤条件

一般石灰性土或碱性土，可以施酸性或生理酸性的氮肥，如硫铵、氯化铵等，这些肥料除了它们能中和土壤碱性外，在碱性条件下铵态氮比较容易被作物吸收；在盐碱土中不宜施用含氯的氯化铵，以免增加盐分，影响作物生长。肥沃的土壤，施氮量宜少，保肥能力强的土壤施肥次数可少些；反之，则施氮量适当增加，分次施用。

2. 作物营养特性

不同作物不同时期对氮的需求也是不一样的，如玉米、小麦等作物需要较多氮肥，而豆科作物有根瘤固定空气中的氮素，因而对氮肥需要较少。不同作物对氮肥品种的反应也不同，忌氯作物如淀粉类作物等应少施或不施氯化铵。多数蔬菜施用硝态氮肥效果好，如萝卜施用铵态氮肥会抑制其生长。甜菜用硝酸钠效果好。作物不同生育期施氮肥的效果也不一样。在作物施肥的关键时期如营养临界期或最高效率期进行施肥，增产作用显著。如玉米在抽穗开花前后需要养分最多，重施穗肥能获得显著增产。所以考虑作物不同生育期对养分的要求，掌握适宜的施肥时期和施肥量，是经济有效施用氮肥的关键。

3. 氮肥本身的性质

凡是铵态肥（特别是碳铵、氨水）都要深施盖土，防止挥发，由于它们都是速效肥料，在土壤中又不易流失，故可作基肥和追肥，适宜水田、旱地施用；硝态氮肥在土中移动性大，肥效快，适宜作旱地追肥；酰胺态氮肥（如尿素）作为底肥、基肥、追肥都可以。总之，要根据氮肥的特性来考虑它的施用方法。

4. 氮肥与其他肥料配施

在缺乏有效磷和有效钾的土壤上，单施氮肥效果很差，增施氮肥还有可能减产。因为在缺磷、钾的情况下，蛋白质和许多重要含氮化合物很难形成，严重地影响了作物的生长。各地试验已经证明，氮肥与适量磷、钾肥配合，增产效果显著。

（三）其他措施

1. 采用氮肥抑制剂

工厂生产肥料时，在肥料表面包一层薄膜，以减缓氮素释放速率，起到缓效之作用，提高氮肥的利用率，如缓释肥料。

2. 控制氮肥的施用量

采取配方施肥技术，确定氮肥用量，以达到发挥氮肥最佳经济效益的效果。

3. 合理施肥与灌水

在石灰性土壤上，施用铵态肥时，应采取深施复土、随施随灌水或分次施肥方法。总之，应用耕作、灌溉措施，采取合理的施肥方法做到尽量减少氮的损失，达到提高氮肥利用率的目的。

第三节　土壤碱解氮

碱解氮包括无机态氮和结构简单、能为作物直接吸收利用的有机态氮，它可供作物近期吸收利用，故又称速效氮。碱解氮含量的高低，取决于有机质含量的高低和质量的好坏以及施入氮素化肥数量的多少。碱解氮在土壤中的含量不够稳定，易受土壤水热条件和生物活动的影响而发生变化，但它能反映近期土壤的氮素供应能力。

一、土壤碱解氮含量及其空间差异

通过对博州 259 个耕层土壤样品碱解氮含量测定结果分析，博州耕层土壤碱解氮平均值为 100.3 mg/kg。平均含量以精河县含量最高，为 106.4 mg/kg，温泉县含量最低，为 88.4 mg/kg。

博州土壤碱解氮平均变异系数为 42.37%，最大值出现在精河县，为 52.82%；最小值出现在温泉县，为 24.89%。详见表 5-12。

表 5-12　博州土壤碱解氮含量及其空差异

县市	点位数（个）	平均值（mg/kg）	标准差（mg/kg）	变异系数（%）
博乐市	105	101.4	35.1	34.62
精河县	95	106.4	56.2	52.82
温泉县	59	88.4	22.0	24.89
博州	259	100.3	42.5	42.37

二、不同土壤类型碱解氮含量

通过对博州不同土壤类型碱解氮测定值分析，耕层土壤碱解氮含量平均最高值出现在沼泽土，为 133.2 mg/kg，最低值出现在盐土，为 48.2 mg/kg。

不同土壤类型土壤碱解氮变异系数以灰棕漠土最大，为 64.69%，以风沙土变异系数最小，为 14.16%。详见表 5-13。

表 5-13　博州不同土壤类型土壤碱解氮含量

土壤类型	点位数（个）	平均值（mg/kg）	标准差（mg/kg）	变异系数（%）
草甸土	32	105.0	47.6	45.33
潮土	52	108.3	46.1	42.57
风沙土	2	87.6	12.4	14.16
灌漠土	36	110.9	35.2	31.74
灰漠土	48	91.9	31.5	34.28
灰棕漠土	26	94.3	61.0	64.69
林灌草甸土	2	90.1	19.1	21.20
盐土	2	48.2	11.4	23.65
沼泽土	13	133.2	43.1	32.36
棕钙土	46	85.7	29.3	34.19

三、不同地形部位土壤碱解氮含量

博州不同地形部位土壤碱解氮含量平均值由高到低顺序为：平原低阶>平原中阶>河滩地>山地坡中>山地坡上>沙漠边缘>平原高阶。平原低阶碱解氮含量最高，为 109.4 mg/kg，平原高阶碱解氮含量最低，为 83.0 mg/kg。

不同地形部位土壤碱解氮变异系数最大值出现在平原高阶，为 50.00%，最小值出现在山地坡上，为 22.53%。详见表 5-14。

表 5-14　博州不同地形部位土壤碱解氮含量

地形	点位数（个）	平均值（mg/kg）	标准差（mg/kg）	变异系数（%）
河滩地	1	103.6	—	—
平原高阶	43	83.0	41.5	50.00
平原中阶	143	104.1	44.7	42.94
平原低阶	48	109.4	41.1	37.57
山地坡上	21	90.1	20.3	22.53
山地坡中	1	94.1	—	—
沙漠边缘	2	88.7	21.1	23.79

四、不同耕层质地土壤碱解氮含量

通过对博州不同耕层质地样品土壤碱解氮含量测试结果分析，土壤碱解氮平均含量从高到低的顺序，表现为黏土>重壤>中壤>轻壤>砂土>砂壤，其中黏土最高，为 115.7 mg/kg，砂壤最低，为 87.9 mg/kg。

不同耕层质地土壤碱解氮变异系数以砂土最大，为 53.60%，以重壤最小，为 28.92%。详见表 5-15。

表 5-15　博州不同耕层质地土壤碱解氮含量

质地	点位数（个）	平均值（mg/kg）	标准差（mg/kg）	变异系数（%）
砂土	39	90.3	48.4	53.60
砂壤	66	87.9	29.8	33.90
轻壤	32	94.1	38.0	40.38
中壤	99	108.0	47.8	44.26
重壤	10	114.1	33.0	28.92
黏土	13	115.7	46.9	40.54

五、土壤碱解氮的分级与分布

从博州耕层土壤碱解氮分级面积统计数据看，博州耕地土壤碱解氮多数在三级、四级。按等级分，一级占 3.87%，二级占 17.49%，三级占 44.64%，四级占 31.36%，五级占 2.64%。提升空间较大。详见表 5-16、图 5-3。

表 5-16　土壤碱解氮各等级在博州的分布

县市	一级（>150 mg/kg）		二级（120~150 mg/kg）		三级（90~120 mg/kg）		四级（60~90 mg/kg）		五级（≤60 mg/kg）		合计	
	面积（hm^2）	占比（%）	面积（hm^2）	占比（%）	面积（hm^2）	占比（%）	面积（hm^2）	占比（%）	面积（hm^2）	占比（%）	面积（hm^2）	占比（%）
博乐市	613. 11	8. 45	20 385. 72	62. 10	43 662. 74	52. 12	17 177. 96	29. 18	321. 44	6. 48	82 160. 97	43. 78
精河县	6 643. 62	91. 55	12 080. 81	36. 80	22 871. 00	27. 30	19 698. 90	33. 46	3 983. 25	80. 34	65 277. 58	34. 78
温泉县	—	—	359. 73	1. 10	17 244. 83	20. 58	21 988. 98	37. 36	653. 50	13. 18	40 247. 04	21. 44
总计	7 256. 73	3. 87	32 826. 26	17. 49	83 778. 57	44. 64	58 865. 84	31. 36	4 958. 19	2. 64	187 685. 59	100. 00

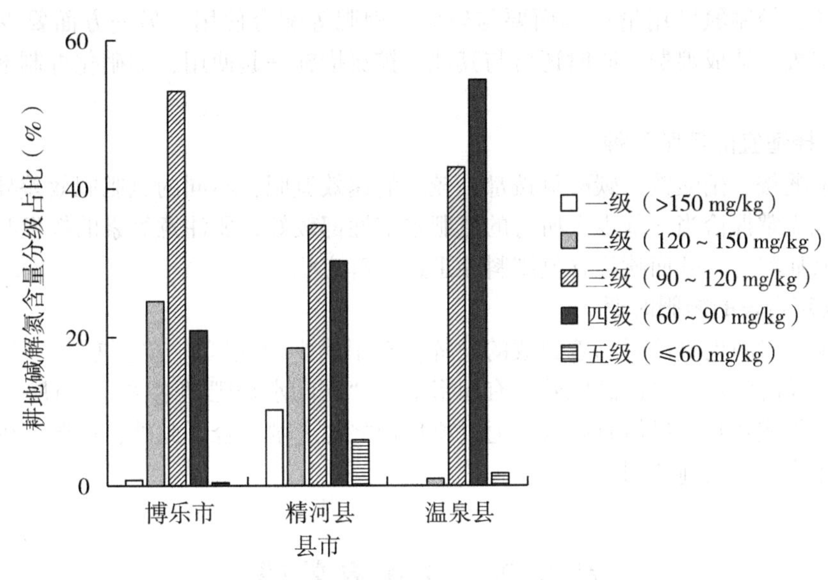

图 5-3　碱解氮含量在各县市的分级占比

（一）一级

博州碱解氮为一级的耕地面积 7 256.73 hm^2，其中精河县面积最大，为 6 643.62 hm^2，占碱解氮为一级的耕地面积的 91.55%，其次为博乐市占 8.45%，温泉县无碱解氮为一级的耕地分布。

（二）二级

博州碱解氮为二级的耕地面积 32 826.26 hm^2，其中博乐市面积最大，为 20 385.72 hm^2，占碱解氮为二级的耕地面积的 62.1%，其次为精河县和温泉县，分别占 36.80%和 1.10%。

（三）三级

博州碱解氮为三级的耕地面积 83 778.57 hm^2，其中博乐市面积最大，为 43 662.74 hm^2，占碱解氮为三级的耕地面积的 52.12%，其次为精河县和温泉县，分别占 27.30%和 20.58%。

（四）四级

博州碱解氮为四级的耕地面积 58 865.84 hm^2，其中温泉县面积最大，为 21 988.98 hm^2，占碱解氮为四级的耕地面积的 37.36%，其次为精河县和博乐市，分别占 33.46%和 29.18%。

（五）五级

博州碱解氮为五级的耕地面积 4 958.19 hm^2，其中精河县面积最大，为 3 983.25 hm^2，占碱解氮为五级的耕地面积的 80.34%，其次为温泉县和博乐市，分别占 13.18%和 6.48%。

六、土壤碱解氮调控

（一）合理控制氮肥用量

氮肥是用量最高的肥料品种之一，氮肥的使用在一定程度上提高了作物产量。但与此同时，大面积过量施用氮肥也造成了局部地区的环境污染。因此，控制氮肥用量一直是环境保护的重大问题，控制氮肥用量一方面要与磷肥、钾肥等配合使用，另一方面要少量多次施用，避免一炮轰，造成浪费，同时还可与其他的控氮措施一起使用，如硝化抑制剂、尿素增效剂等。

（二）选择适宜的氮肥品种

尿素、硫酸铵、硝酸铵、碳酸氢铵都是较好的速效氮肥，不同的氮肥肥效差异很大，其用法与用量也需掌握恰当。基本上所有的氮肥水溶性都较好，要注意氮素的挥发与淋失。在作物出现缺氮症状时，叶面喷施含氮肥料能迅速缓解症状。

（三）确定合理的施肥时期

氮肥的施用时间也直接影响着肥效的发挥。在干旱少雨地区，施完氮肥一般要先覆土，避免挥发；要及时浇水，以提高肥效，有句俗语为“肥随水来肥随水去”。氮肥一般可以用作基肥，于播种或移栽前耕地时施入，通过耕耙使之与土壤混合。此外，氮肥还可作为追肥使用，也可作为叶面喷施使用。

第四节　土壤有效磷

土壤有效磷是土壤中可被植物吸收的磷组分，包括全部水溶性磷、部分吸附态磷及有机态磷，有的土壤中还包括某些沉淀态磷。土壤有效磷是反映土壤磷素养分供应水平的指标，土壤磷素含量在一定程度反映了土壤中磷素的贮量和供应能力。土壤中有效磷含量低于 3.0 mg/kg 时，作物往往表现出缺磷症状。土壤中的磷主要来源于含磷矿物质，在长期的风化和成土过程中，经过生物的积累而逐渐聚积到土壤的上层。开垦后，则主要来源于施用的磷肥。

一、土壤有效磷含量及其空间差异

通过对博州 259 个耕层土壤样品有效磷含量测定结果分析，博州耕层土壤有效磷平均值为 29.5 mg/kg。平均含量以精河县含量最高，为 37.7 mg/kg，温泉县含量最低，为 20.4 mg/kg。

博州土壤有效磷平均变异系数为 73.22%，最大值出现在精河县，为 79.31%；最小值出现在温泉县，为 45.10%。详见表 5-17。

表 5-17　博州土壤有效磷含量及其空间差异

县市	点位数（个）	平均值（mg/kg）	标准差（mg/kg）	变异系数（%）
博乐市	105	27.1	13.9	51.29
精河县	95	37.7	29.9	79.31
温泉县	59	20.4	9.2	45.10
博州	259	29.5	21.6	73.22

二、不同土壤类型有效磷含量

通过对博州不同土壤类型有效磷测定值分析，耕层土壤有效磷含量平均最高值出现在草甸土，为38.3 mg/kg，最低值出现在林灌草甸土，为16.2 mg/kg。

不同土壤类型土壤有效磷变异系数以灰棕漠土最大，为118.83%，以盐土变异系数最小，为4.89%，详见表5-18。

表5-18　博州不同土壤类型土壤有效磷含量

土壤类型	点位数（个）	平均值（mg/kg）	标准差（mg/kg）	变异系数（%）
草甸土	32	38.3	24.8	64.75
潮土	52	27.8	17.0	61.15
风沙土	2	20.1	1.6	7.96
灌漠土	36	26.9	15.8	58.74
灰漠土	48	26.5	14.1	53.21
灰棕漠土	26	30.8	36.6	118.83
林灌草甸土	2	16.2	6.4	39.51
盐土	2	26.6	1.3	4.89
沼泽土	13	31.5	14.4	45.71
棕钙土	46	30.0	25.3	84.33

三、不同地形部位土壤有效磷含量

博州不同地形部位土壤有效磷含量平均值由高到低顺序为：平原高阶>平原低阶>平原中阶>沙漠边缘>山地坡上>山地坡中>河滩地。平原高阶有效磷含量最高，为37.3 mg/kg，河滩地有效磷含量最低，为11.6 mg/kg。

不同地形部位土壤有效磷变异系数最大值出现在平原高阶，为100.54%，最小值出现在沙漠边缘，为31.76%。详见表5-19。

表5-19　博州不同地形部位土壤有效磷含量

地形	点位数（个）	平均值（mg/kg）	标准差（mg/kg）	变异系数（%）
河滩地	1	11.6	—	—
平原高阶	43	37.3	37.5	100.54
平原中阶	143	28.0	15.0	53.57
平原低阶	48	30.4	21.8	71.71
山地坡上	21	23.2	11.6	50.00
山地坡中	1	16.3	—	—
沙漠边缘	2	23.3	7.4	31.76

四、不同耕层质地土壤有效磷含量

通过对博州不同耕层质地样品土壤有效磷含量测试结果分析，土壤有效磷平均含量从高到低的顺序，表现为砂土>重壤>中壤>黏土>砂壤>轻壤，其中砂土最高，为 44.3 mg/kg，轻壤最低，为 21.2 mg/kg。

不同耕层质地土壤有效磷变异系数以轻壤最大，为 101.89%，黏土最小，为 23.62%。详见表 5-20。

表 5-20　博州不同耕层质地土壤有效磷含量

质地	点位数（个）	平均值（mg/kg）	标准差（mg/kg）	变异系数（%）
砂土	31	44.3	40.0	90.29
砂壤	56	22.3	11.2	50.22
轻壤	37	21.2	21.6	101.89
中壤	105	31.0	17.7	57.10
重壤	28	32.3	11.8	36.53
黏土	2	30.9	7.3	23.62

五、土壤有效磷的分级与分布

从博州耕层土壤有效磷分级面积统计数据看，博州耕地土壤有效磷多数在一级、二级。按等级分，一级占 39.19%，二级占 39.78%，三级占 16.73%，四级占 4.26%，五级占 0.04%。博州土壤有效磷等级较高，但仍有提升空间。详见表 5-21，图 5-4。

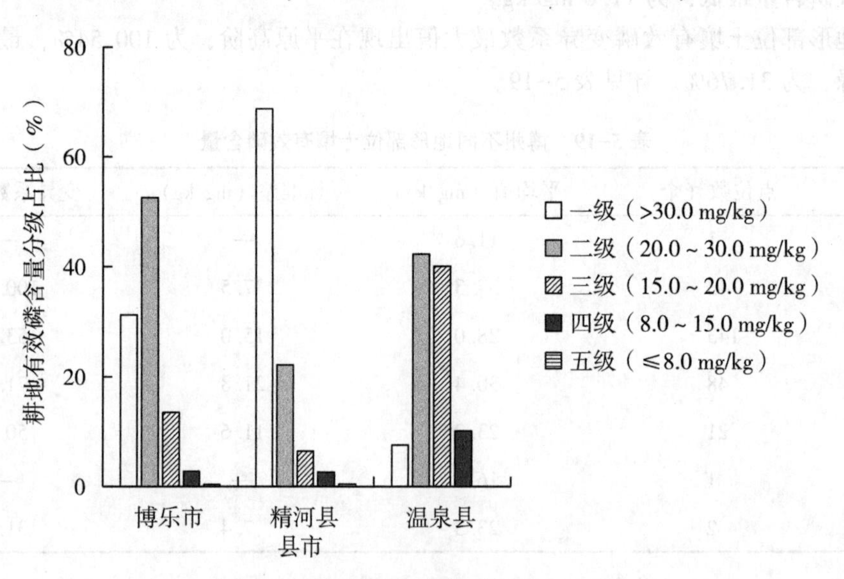

图 5-4　有效磷含量在各县市的分级占比

表 5-21 土壤有效磷各等级在博州的分布

县市	一级（>30.0 mg/kg）		二级（20.0~30.0 mg/kg）		三级（15.0~20.0 mg/kg）		四级（8.0~15.0 mg/kg）		五级（≤8.0 mg/kg）		合计	
	面积（hm^2）	占比（%）	面积（hm^2）	占比（%）	面积（hm^2）	占比（%）	面积（hm^2）	占比（%）	面积（hm^2）	占比（%）	面积（hm^2）	占比（%）
博乐市	25 653.01	34.88	43 199.75	57.85	11 049.07	35.20	2 245.27	28.08	13.87	17.61	82 160.97	43.78
精河县	44 863.61	61.00	14 453.55	19.36	4 208.55	13.41	1 686.98	21.10	64.89	82.39	65 277.58	34.78
温泉县	3 035.65	4.12	17 014.92	22.79	16 133.53	51.39	4 062.94	50.82	—	—	40 247.04	21.44
总计	73 552.27	39.19	74 668.22	39.78	31 391.15	16.73	7 995.19	4.26	78.76	0.04	187 685.59	100.00

（一）一级

博州有效磷为一级的耕地面积 73 552. 27 hm^2，其中精河县面积最大，为 44 863. 61 hm^2，占有效磷为一级的耕地面积的 61. 00%，其次为博乐市和温泉县，分别占 34. 88%和 4. 12%。

（二）二级

博州有效磷为二级的耕地面积 74 668. 22 hm^2，其中博乐市面积最大，为 43 199. 75 hm^2，占有效磷为二级的耕地面积的 57. 85%，其次为温泉县和精河县，分别占 22. 79%和 19. 36%。

（三）三级

博州有效磷为三级的耕地面积 31 391. 15 hm^2，其中温泉县面积最大，为 16 133. 53 hm^2，占有效磷为三级的耕地面积的 51. 39%，其次为博乐市和精河县，分别占 35. 20%和 13. 41%。

（四）四级

博州有效磷为四级的耕地面积 7 995. 19 hm^2，其中温泉县面积最大，为 4 062. 94 hm^2，占有效磷为四级的耕地面积的 50. 82%，其次为博乐市和精河县，分别占 28. 08%和 21. 10%。

（五）五级

博州有效磷为五级的耕地面积 78. 76 hm^2，其中精河县面积最大，为 64. 89 hm^2，占有效磷为五级的耕地面积的 82. 39%，其次为博乐市占 17. 61%。温泉县无有效磷为五级的耕地分布。

六、土壤有效磷调控

一般磷肥都有后效，提高土壤中磷的有效性，一般要从以下 3 个方面进行调控：一是采取增施速效态磷肥来增加土壤中有效磷的含量，以保证供给当季作物对磷的吸收利用；二是调节土壤环境条件，如在酸性土壤上施石灰，在碱性土壤上施石膏，尽量减弱土壤的固磷能力；三是要促使土壤中难溶态磷的溶解，提高磷的活性，使难溶性磷逐渐转化为有效态磷。

根据土壤条件和固磷机制的不同，一般可采取以下农业措施。

（一）调节土壤 pH 值

在施肥中应多施用酸性肥料，以中和土壤中的碱性，如有机肥、过磷酸钙等。土壤酸度适中，有利于微生物的活动，从而增强了磷的活化过程。

（二）因土、因作物施磷肥

在施用磷肥时要考虑不同土壤条件和不同作物种类选择适宜的磷肥品种。如在碱性土壤上施用过磷酸钙，有利于提高磷肥的有效性。磷矿粉适合在豆科作物和油菜作物上施用，因为这些作物吸收利用磷的能力比一般作物强得多。

（三）磷肥与有机肥混施

磷肥与有机肥混合堆、沤后一起施用，效果较好。有机肥在分解过程中所产生的中间产物（有机酸类）对铁、铝、钙能够起一定的络合作用，因而降低了 Fe^{3+}、Al^{3+}、Ca^{2+}的离子浓度，可减弱磷的化学固定作用。另外，形成的腐殖质还可在土壤固体表面形成胶膜，可减弱磷的表面固定。在石灰性土壤上结合施用大量的有机肥（道理同上）也可降低磷的固定，从而提高磷的有效性。

（四）集中施磷肥

采取集中施用磷肥的方法，尽量减少或避免与土壤的接触面，把磷肥施在根系附近效果较好。因为磷的活动性很小，穴施、条施或把磷肥制成颗粒肥或采取叶面喷肥等，均可提高磷肥的有效性。在碱性土壤上施用酸性磷肥，如磷矿粉、钙镁磷肥、过磷酸钙等，应采用撒施，效果较好。磷肥剂型以粉状为好，其细度越细，效果越好，尽量多与土壤接触才能提高其有效性。

第五节　土壤速效钾

钾是作物生长发育过程中所必需的营养元素之一，与作物的生理代谢、抗逆及品质的改善密切相关，被认为是品质元素。钾还可以提高肥料的利用率，改善环境质量。钾是土壤中含量最高的矿质营养元素。土壤中的钾素基本呈无机形态存在，根据钾的存在形态和作物吸收能力，可把土壤中的钾素分为 4 个部分：土壤矿物态钾（难溶性钾）、非交换态钾（缓效钾）、吸附性钾（交换性钾）、水溶性钾。后两种合称为速效性钾（速效钾），一般占全钾的 1%~2%，可以被当季作物吸收利用，是反映土壤肥力的标志之一。

一、土壤速效钾含量及其空间差异

通过对博州 259 个耕层土壤样品速效钾含量测定结果分析，博州耕层土壤速效钾平均值为 272 mg/kg。平均含量以博乐市最高，为 331 mg/kg，温泉县含量最低，为 153 mg/kg。

博州土壤速效钾平均变异系数为 68. 75%，最大值出现在精河县，为 77. 66%；最小值出现在博乐市，为 50. 45%。详见表 5-22。

表 5-22　博州土壤速效钾含量及其空间差异

县市	点位数（个）	平均值（mg/kg）	标准差（mg/kg）	变异系数（%）
博乐市	105	331	167	50. 45
精河县	95	282	219	77. 66
温泉县	59	153	81	52. 94
博州	259	272	187	68. 75

二、不同土壤类型速效钾含量

通过对博州不同土壤类型速效钾测定值分析，耕层土壤速效钾含量平均最高值出现在沼泽土，为 394 mg/kg，最低值出现在林灌草甸土，为 124 mg/kg。

不同土壤类型土壤速效钾变异系数以灰棕漠土最大，为 125. 45%，以盐土变异系数最小，为 21. 39%，详见表 5-23。

表 5-23　博州不同土壤类型土壤速效钾含量

土壤类型	点位数（个）	平均值（mg/kg）	标准差（mg/kg）	变异系数（%）
草甸土	32	332	183	55. 12
潮土	52	286	148	51. 75
风沙土	2	282	69	24. 47
灌漠土	36	271	185	68. 27
灰漠土	48	279	126	45. 16
灰棕漠土	26	279	350	125. 45
林灌草甸土	2	124	43	34. 68
盐土	2	360	77	21. 39
沼泽土	13	394	198	50. 25
棕钙土	46	174	110	63. 22

三、不同地形部位土壤速效钾含量

博州不同地形部位土壤速效钾含量平均值由高到低顺序为：平原低阶>平原中阶>平原高阶>山地坡上>山地坡中>沙漠边缘>河滩地。平原低阶速效钾含量最高，为 331 mg/kg，河滩地速效钾含量最低，为 154 mg/kg。

不同地形部位土壤速效钾变异系数最大值出现在平原高阶，为 127. 48%，最小值出现在沙漠边缘，为 6. 37%。详见表 5-24。

表 5-24　博州不同地形部位土壤速效钾含量

地形	点位数（个）	平均值（mg/kg）	标准差（mg/kg）	变异系数（%）
河滩地	1	154	—	—
平原高阶	43	222	283	127. 48
平原中阶	143	285	154	54. 04
平原低阶	48	331	186	56. 19
山地坡上	21	179	78	43. 58
山地坡中	1	158	—	—
沙漠边缘	2	157	10	6. 37

四、不同耕层质地土壤速效钾含量

通过对博州不同耕层质地样品土壤速效钾含量测试结果分析，土壤速效钾平均含量从高到低的顺序，表现为重壤>黏土>砂土>中壤>轻壤>砂壤，其中重壤最高，为 425 mg/kg，砂壤最低，为 171 mg/kg。

不同耕层质地土壤速效钾变异系数以砂土最大，为 104.53%，以黏土最小，为 7.02%。详见表 5-25。

表 5-25　博州不同耕层质地土壤速效钾含量

质地	点位数（个）	平均值（mg/kg）	标准差（mg/kg）	变异系数（%）
砂土	31	309	323	104.53
砂壤	56	171	91	53.22
轻壤	37	175	111	63.43
中壤	105	307	143	46.58
重壤	28	425	200	47.06
黏土	2	399	28	7.02

五、土壤速效钾的分级与分布

从博州不同耕层土壤速效钾分级面积统计数据看，博州耕地土壤速效钾超过一半在一级。按等级分，一级占 55.33%，二级占 15.24%，三级占 13.19%，四级占 14.61%，五级占 1.63%。仍有提升空间。详见表 5-26、图 5-5。

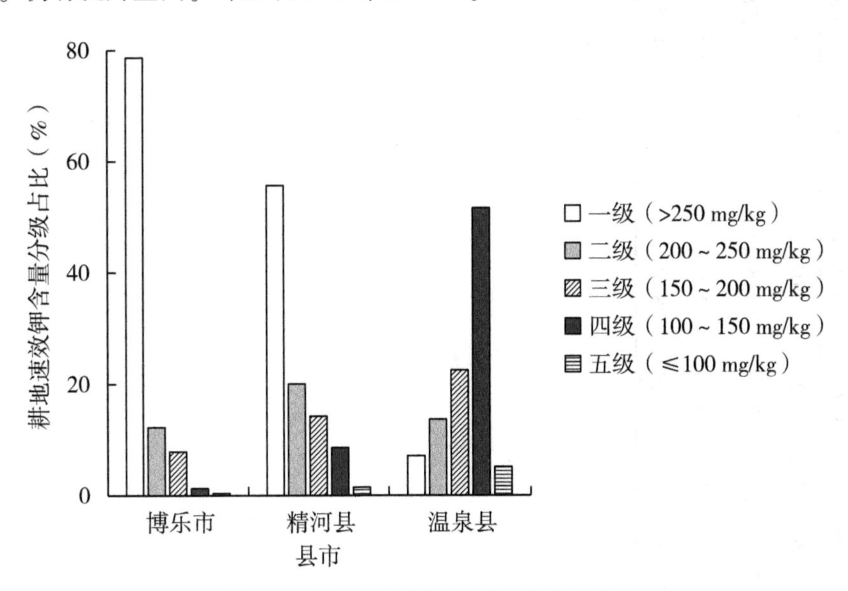

图 5-5　速效钾含量在各县市的分级占比

表 5-26　土壤速效钾各等级在博州的分布

县市	一级（>250 mg/kg）		二级（200~250 mg/kg）		三级（150~200 mg/kg）		四级（100~150 mg/kg）		五级（≤100 mg/kg）		合计	
	面积（hm^2）	占比（%）	面积（hm^2）	占比（%）	面积（hm^2）	占比（%）	面积（hm^2）	占比（%）	面积（hm^2）	占比（%）	面积（hm^2）	占比（%）
博乐市	64 635.77	62.24	10 041.04	35.09	6 413.57	25.91	1 037.48	3.78	33.11	1.08	82 160.97	43.78
精河县	36 359.70	35.01	13 092.50	45.76	9 278.10	37.48	5 589.75	20.39	957.53	31.38	65 277.58	34.78
温泉县	2 857.66	2.75	5 479.05	19.15	9 062.42	36.61	20 786.86	75.83	2 061.05	67.54	40 247.04	21.44
总计	103 853.13	55.33	28 612.59	15.24	24 754.09	13.19	27 414.09	14.61	3 051.69	1.63	187 685.59	100.00

（一）一级

博州速效钾为一级的耕地面积 103 853.13 hm^2，其中博乐市面积最大，为 64 635.77 hm^2，占速效钾为一级的耕地面积的 62.24%，其次为精河县和温泉县，分别占 35.01%和 2.75%。

（二）二级

博州速效钾为二级的耕地面积 28 612.59 hm^2，其中精河县面积最大，为 13 092.5 hm^2，占速效钾为二级的耕地面积的 45.76%，其次为博乐市和温泉县，分别占 35.09%和 19.15%。

（三）三级

博州速效钾为三级的耕地面积 24 754.09 hm^2，其中精河县面积最大，为 9 278.10 hm^2，占速效钾为三级的耕地面积的 37.48%，其次为温泉县和博乐市，分别占 36.61%和 25.91%。

（四）四级

博州速效钾为四级的耕地面积 27 414.09 hm^2，其中温泉县面积最大，为 20 786.86 hm^2，占速效钾为四级的耕地面积的 75.83%，其次为精河县和博乐市，分别占 20.39%和 3.78%。

（五）五级

博州速效钾为五级的耕地面积 3 051.69 hm^2，其中温泉县面积最大，为 2 061.05 hm^2，占速效钾为五级的耕地面积的 67.54%，其次为精河县和博乐市，分别占 31.38%和 1.08%。

六、土壤速效钾调控

提高土壤中钾的有效性，一般要从以下 3 个方面进行调控：一是采取增施速效态钾肥来增加土壤中钾的含量，以保证当季作物对钾的吸收利用；二是调节土壤环境条件，使土壤中的缓效钾快速转化为速效钾；三是要促使土壤中难溶态钾的溶解，提高钾的活性，使难溶性钾逐渐转化为速效钾。

根据土壤条件和作物对钾的吸收，一般可采取以下农业措施。

（一）调节土壤 pH 值

在酸性土壤上施用碱性肥料，降低土壤的酸性，以减少土壤中速效性钾的淋溶，增强土壤对钾的固定。在碱性土壤上使用酸性肥料，减少土壤对钾的固定，提高钾的活性。

（二）因土、因作物施钾肥

在施用钾肥时要考虑不同土壤条件和不同作物种类，选择适宜的钾肥品种。由于钾肥多数水溶性较强，作物后期对钾的吸收较强，提倡钾肥后移，提高钾肥的利用率。

（三）使用有机肥料

在缺钾的土壤上，增施有机肥能起到一定的补钾作用。因为有机肥的钾含量较高，有机肥在腐熟后，能将有机态的钾肥转化为无机钾，供植物吸收利用。

（四）集中施钾肥

采取集中施用钾肥的方法，尽量减少或避免与土壤的接触面，把钾肥施在根系附近效果较好，或采取叶面喷施磷酸二氢钾等，均可提高钾肥的有效性，达到迅速补充钾肥的目的。

第六节　土壤缓效钾

缓效钾主要指2：1型层状硅酸盐矿物层间和颗粒边缘的一部分钾，通常占全钾量的1%~10%。缓效钾是速效钾的贮备库，当速效钾因作物吸收和淋失，浓度降低时，部分缓效钾可以释放出来转化为交换性钾和溶液钾，成为速效钾。因此，判断土壤供钾能力应综合考虑土壤速效钾和土壤缓效钾两项指标。如果土壤速效钾含量低，而缓效钾含量较高时，土壤的供钾能力并不一定很低，施用钾肥往往效果不明显。只有土壤速效钾和缓效钾含量都低的情况下，施用钾肥的效果才十分显著。

一、土壤缓效钾含量及其空间差异

通过对博州耕层土壤样品缓效钾含量测定结果分析，博州耕层土壤缓效钾平均值为895 mg/kg。平均含量以博乐市含量最高，为1112 mg/kg，精河县含量最低，为613 mg/kg。

博州土壤缓效钾平均变异系数为35.08%，最大值出现在精河县，为45.02%；最小值出现在博乐市，为12.86%。详见表5-27。

表5-27　博州土壤缓效钾含量及其空间差异

县市	平均值（mg/kg）	标准差（mg/kg）	变异系数（%）
博乐市	1 112	143	12.86
精河县	613	276	45.02
温泉县	1 004	228	22.71
博州	895	314	35.08

二、土壤缓效钾的分级与分布

从博州耕层土壤缓效钾分级面积统计数据看，博州耕地土壤缓效钾多数在二级、三级。按等级分，一级占8.36%，二级占40.65%，三级占25.24%，四级占19.34%，五级占6.41%。详见表5-28、图5-6。

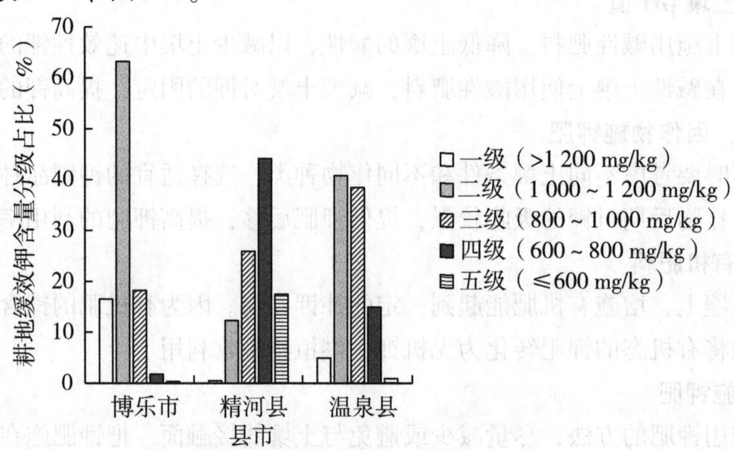

图5-6　缓效钾含量在各县市的分级占比

表 5-28　土壤缓效钾各等级在博州的分布

县市	一级 (>1200 mg/kg)		二级 (1 000~1 200 mg/kg)		三级 (800~1 000 mg/kg)		四级 (600~800 mg/kg)		五级（≤600 mg/kg）		合计	
	面积 (hm^2)	占比 (%)	面积 (hm^2)	占比 (%)	面积 (hm^2)	占比 (%)	面积 (hm^2)	占比 (%)	面积 (hm^2)	占比 (%)	面积 (hm^2)	占比 (%)
博乐市	13 572.33	86.48	51 880.89	68.00	14 986.65	31.64	1 461.68	4.03	259.42	2.16	82 160.97	43.78
精河县	127.57	0.82	7 994.28	10.48	16 929.56	35.74	28 815.57	79.39	11 410.60	94.79	65 277.58	34.78
温泉县	1 993.83	12.70	16 414.89	21.52	15 451.13	32.62	6 019.69	16.58	367.50	3.05	40 247.04	21.44
总计	15 693.73	8.36	76 290.06	40.65	47 367.34	25.24	36 296.94	19.34	12 037.52	6.41	187 685.59	100.00

（一）一级

博州缓效钾为一级的耕地面积 15 693.73 hm^2，其中博乐市面积最大，为 13 572.33 hm^2，占缓效钾为一级的耕地面积的 86.48%，其次为温泉县和精河县，分别占 12.70%和 0.82%。

（二）二级

博州缓效钾为二级的耕地面积 76 290.06 hm^2，其中博乐市面积最大，为 51 880.89 hm^2，占缓效钾为二级的耕地面积的 68.00%，其次为温泉县和精河县，分别占 21.52%和 10.48%。

（三）三级

博州缓效钾为三级的耕地面积 47 367.34 hm^2，其中精河县面积最大，为 16 929.56 hm^2，占缓效钾为三级的耕地面积的 35.74%，其次为温泉县和博乐市，分别占 32.62%和 31.64%。

（四）四级

博州缓效钾为四级的耕地面积 36 296.94 hm^2，其中精河县面积最大，为 28 815.57 hm^2，占缓效钾为四级的耕地面积的 79.39%，其次为温泉县和博乐市，分别占 16.58%和 4.03%。

（五）五级

博州缓效钾为五级的耕地面积 12 037.52 hm^2，其中精河县面积最大，为 11 410.6 hm^2，占缓效钾为五级的耕地面积的 94.79%，其次为温泉县和博乐市，分别占 3.05%和 2.16%。

三、土壤缓效钾调控

（一）土壤缓效钾含量变化及影响因素

土壤钾素含量变化的影响因素很多，主要是施肥和种植制度。博州土壤一般不缺乏钾素，但施用钾肥往往能起到一定增产效果，究其原因大概有以下 3 方面。

1. 有机肥投入不足

虽然土壤速效钾、缓效钾含量不低，但容易被土壤固定，不如刚施入的钾肥水溶性高，容易被作物吸收。有机肥不仅富含作物生长发育的多种营养元素，还含有丰富的钾素，不但能改良培肥土壤，还可提高土壤钾素供应能力，对土壤钾素的循环十分重要。但有机肥料肥效缓慢，周期长、见效慢，不如化肥养分含量高，施用方便，见效快，因此投入相对不足。

2. 土壤钾素含量出现下滑

人们对钾肥的认识不足，生产上一直存在着“重氮磷肥，轻钾肥”的施肥现象。施用化学钾肥，水溶性好，因而能够被作物迅速吸收，从而达到增产目的。

3. 作物产量和复种指数提高

随着农业的迅猛发展，高产品种的引进和科学栽培技术的应用，复种指数和产量不断提高，从土壤中带走的钾越来越多，加剧了土壤钾素的消耗。

（二）土壤钾素调控

合理施用钾肥应以土壤钾素丰缺状况为依据。因为在土壤缺钾的情况下，钾肥的增产效果极为显著，一般可增产 10%~25%。当土壤速效钾含量达到高或极高时，一般就没有必要施钾肥了，因为土壤中的钾已能满足作物的需要。总的来说，博州大部分地区的缺钾现象并不十分严重，但某些地区也存在着钾肥施用不合理、钾肥利用率低的现象，造成了钾素资源的大量浪费。因此，科学合理地评价土壤供钾特性、充分发挥土壤的供钾潜力、有效施用和分配钾肥显得尤为重要。针对土壤钾素状况，可以通过以下 5 种途径进行调控。

1. 提高农户对钾肥投入的认识

利用一切形式广泛深入地宣传增施钾肥的重要性，以增强农户施用钾肥的意识，增加钾肥投入的自觉性。另外，还应当认识到：钾肥的肥效一定要在满足作物对氮、磷营养的基础上才能显现出来；土壤速效钾的丰缺标准会随着作物产量的提高和氮、磷化肥用量的增加而变化，例如原来不缺钾的土壤，几年后施钾也可能会出现效果；我国钾肥资源紧缺，多年来依靠进口，因此有限的钾肥应优先分配在缺钾土壤和喜钾作物上。

2. 深翻晒垡

这一措施可改良土壤结构，协调土壤水、肥、气、热状况，有利于土壤钾素释放。

3. 增施有机肥

作物秸秆还田对增加土壤钾素尤为明显，秸秆可通过过腹、堆沤和直接覆盖 3 种形式还田。另外，发展绿肥生产也是提高土壤钾素含量的有效途径，可利用秋收后剩余光热资源种植一季绿肥进行肥田。

4. 施用生物钾肥

土壤中钾素含量比较丰富，但 90%~98%是一般作物难以吸收的形态。施用生物钾肥可将难溶性钾转变为有效钾，挖掘土壤钾素潜力，从而增加土壤有效钾含量，达到补钾目的。

5. 优化配方施肥，增施化学钾肥

改变多氮、磷肥，少钾肥的施肥现状，充分利用各地地力监测和试验示范结果，因土壤和作物制订施肥方案，协调氮、磷、钾，有机肥与无机肥之间的比例。根据不同土壤及作物，在增施有机肥的基础上，适量增加钾肥用量，逐步扭转钾素亏缺局面。

第七节　土壤有效铁

铁（Fe）是地壳中较丰富的元素。铁在土壤中广泛存在，是土壤的染色剂，和土壤的颜色有直接相关性。土壤中铁的含量主要与土壤 pH 值、氧化还原条件、土壤全氮、碳酸钙含量和成土母质等有关。容易发生缺铁的土壤一般有盐碱土、施用大量磷肥土壤、风沙土和砂土等。由于铁的有效性差，植物容易出现缺铁症状，即使土壤本身可能不缺铁。在酸性和淹水还原条件下，铁以亚铁形式出现，易使植物亚铁中毒。

土壤铁的有效性受到很多因素的影响，如土壤 pH 值、碳酸钙含量、水分、孔隙度等。铁的有效性与 pH 值呈负相关。pH 值高的土壤易生成难溶的氢氧化铁，降低土壤有效性。长期处于还原条件的酸性土壤，铁被还原成溶解度大的亚铁，铁的有效性增加。干旱少雨地区土壤中氧化环境占优势，降低了铁的溶解度。土壤中有效铁含量与全氮成正比。碱性土壤中，铁能与碳酸根，生成难溶的碳酸盐，降低铁的有效性。而在酸性土壤上很难观察到缺铁现象。成土母质影响全铁含量。土壤母质含铁高，土壤表层含铁量也高。

铁作为含量相对较大的微量元素，在植物生长过程中具有重要的生理意义。因此，明确土壤有效铁含量变化及其分布，对于合理调控土壤肥力、促进作物高产具有重要意义。

一、土壤有效铁含量及其空间差异

通过对博州耕层土壤样品有效铁含量测定结果分析，博州耕层土壤有效铁平均值为 9.4 mg/kg。平均含量以温泉县最高，为 11.5 mg/kg，其次为博乐市，为 9.4 mg/kg，精河县最低，为 8.0 mg/kg。

博州土壤有效铁平均变异系数为 55.32%，最小值出现在温泉县，为 36.52%；最大值出现在博乐市，为 69.15%。详见表 5-29。

表 5-29　博州土壤有效铁含量及其空间差异

县市	平均值（mg/kg）	标准差（mg/kg）	变异系数（%）
博乐市	9.4	6.5	69.15
精河县	8.0	3.8	47.50
温泉县	11.5	4.2	36.52
博州	9.4	5.2	55.32

二、土壤有效铁的分级与分布

从博州耕层土壤有效铁分级面积统计数据看，博州耕地土壤有效铁多数在四级。按等级分，一级占 0.86%，二级占 2.10%，三级占 24.66%，四级占 71.59%，五级占 0.79%。提升空间很大。详见表 5-30、图 5-7。

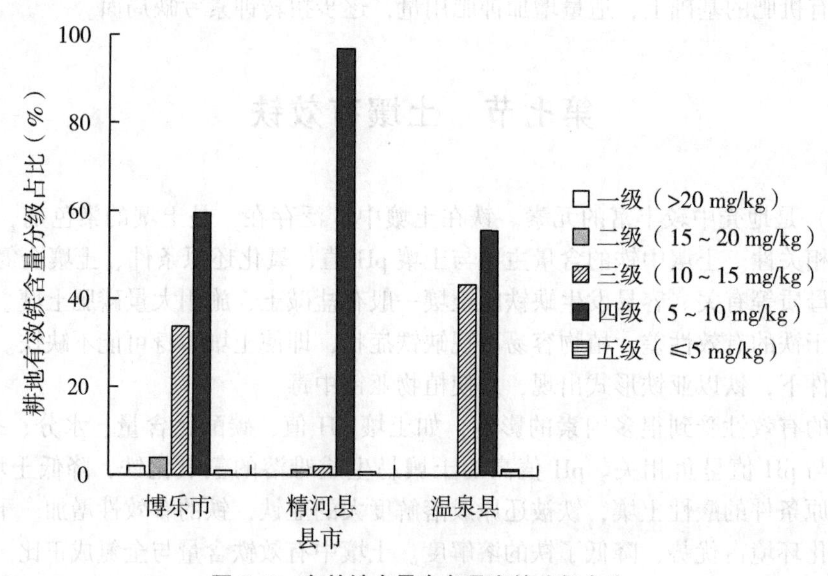

图 5-7　有效铁含量在各县市的分级占比

表 5-30　土壤有效铁各等级在博州的分布

县市	一级（>20 mg/kg）		二级（15~20 mg/kg）		三级（10~15 mg/kg）		四级（5~10 mg/kg）		五级（≤5 mg/kg）		合计	
	面积（hm^2）	占比（%）	面积（hm^2）	占比（%）	面积（hm^2）	占比（%）	面积（hm^2）	占比（%）	面积（hm^2）	占比（%）	面积（hm^2）	占比（%）
博乐市	1 609.13	100.00	3 197.01	81.21	27 665.29	59.78	48 877.35	36.37	812.19	54.56	82 160.97	43.78
精河县	—	—	739.68	18.79	1 246.02	2.69	63 140.42	46.99	151.46	10.18	65 277.58	34.78
温泉县	—	—	—	—	17 368.68	37.53	22 353.51	16.64	524.85	35.26	40 247.04	21.44
总计	1 609.13	0.86	3 936.69	2.10	46 279.99	24.66	134 371.28	71.59	1 488.5	0.79	187 685.59	100.00

（一）一级

博州有效铁为一级的耕地面积 1 609.13 hm^2，仅分布在博乐市。

（二）二级

博州有效铁为二级的耕地面积 3 936.69 hm^2，其中博乐市面积最大，为 3 197.01 hm^2，占有效铁为二级的耕地面积的 81.21%。温泉县无有效铁为二级的耕地。

（三）三级

博州有效铁为三级的耕地面积 46 279.99 hm^2，其中博乐市面积最大，为 27 665.29 hm^2，占有效铁为三级的耕地面积的 59.78%。

（四）四级

博州有效铁为四级的耕地面积 134 371.28 hm^2，其中精河县面积最大，为 63 140.42 hm^2，占有效铁为四级的耕地面积的 46.99%。

（五）五级

博州有效铁为五级的耕地面积 1 488.50 hm^2，其中博乐市面积最大，为 812.19 hm^2，占有效铁为五级的耕地面积的 54.56%。

三、土壤有效铁调控

（一）作物缺铁状况

由于作物产量大幅提高、微肥投入不足以及石灰性土壤自身碱性反应及氧化作用，使铁形成难溶性化合物而降低其有效性，致使植物缺铁现象连年发生，涉及的植物品种较为广泛。植物这种缺铁病害，不但影响作物的生长发育、产量及品质，更重要的是影响人体健康，如缺铁营养病、缺铁性贫血病等。而合理施用铁肥有助于提高植物性产品的铁含量，改善人类的铁营养。另外高位泥炭土、沙质土、通气性不良的土壤、富含磷或大量施用磷肥的土壤、全氮含量低的酸性土壤、过酸的土壤上也易发生缺铁。通过合理施铁肥调控改善土壤缺铁状况。

作物缺铁常出现在碳酸钙含量高的碱性土壤上，一些落叶果树（桃、苹果等）在高温多雨季节叶片缺铁失绿现象十分明显。对缺铁敏感的有花生、大豆、草莓、苹果、梨和桃等。单子叶植物如玉米、小麦等很少缺铁，其原因是它们的根可分泌一种能螯合铁的有机物——麦根酸，活化土壤中的铁，增加对铁的吸收利用。由于铁在植物体内很难移动，又是叶绿素形成的必需元素，所以缺铁常见的症状是幼叶的失绿症。开始时叶色变淡，进而叶脉间失绿黄化，叶脉仍保持绿色。缺铁严重时整个叶片变白，并出现坏死的斑点。

（二）铁肥类型及合理使用技术

1. 铁肥类型

铁肥可分为无机铁肥、有机铁肥两大类。硫酸亚铁和硫酸铁是常用的无机铁肥。有机铁肥包括络合、螯合、复合有机铁肥，如乙二胺四乙酸（EDTA）、二乙酰三胺五醋酸铁（DT-PA）、羟乙基乙二胺三乙酸铁（HEEDTA）等，这类铁肥可适用的 pH 值、土壤类型范围广，肥效高，可混性强。但其成本昂贵、售价极高，多用作叶面喷施。柠檬酸铁、葡萄糖酸铁十分有效。柠檬酸土施可提高土壤铁的溶解吸收，可促进土壤钙、磷、铁、锰、锌的释放，提高铁的有效性。

2. 铁肥施用方法及注意问题

（1）铁肥在土壤中易转化为无效铁，后效弱。因此，每年都应向缺铁土壤施用铁肥，土施铁肥应以无机铁肥为主，如七水硫酸亚铁。施铁量一般为 15~30 kg/hm^2。

（2）根外施铁肥，以有机铁肥为主，其用量小，效果好。螯合铁肥、柠檬酸铁类有机铁肥价格极为昂贵，土壤施用成本非常高，主要用于根外施肥，即叶面喷施或茎秆钻孔施用。果树类可采用叶片喷施、吊针输液、及树干钉铁钉或钻孔置药法。

（3）叶面喷施是最常用的校正植物缺铁黄化病的高效方法，也就是采用均匀喷雾的方法将含铁营养液喷到叶面上，其可与酸性农药混合喷施。叶面喷施铁肥的时间一般选在晴朗无风的 16:00 以后，喷施后遇雨应在天晴后再补喷 1 次。无机铁肥随喷随配，肥液不宜久置，以防止氧化失效。叶面喷施铁肥的浓度一般为 5~30 g/kg，可与酸性农药混合喷施。单喷铁肥时，可在肥液中加入尿素或表面活性剂（非离子型洗衣粉），以促进肥液在叶面的附着及铁素的吸收。由于叶面喷施肥料持效期短，因此，果树或长生育期作物缺铁矫正时，一般每半个月左右喷施 1 次，连喷 2~3 次，可起到良好的效果。

吊针输液与人体输液一样，向树皮输含铁营养液。树干钉铁钉是将铁钉直接钉入树干，其缓慢释放供铁，效果较差。钻孔置药法是在茎秆较为粗大的果树茎秆上钻孔置入颗粒状或片状有机铁肥。

（4）土施铁肥与生理酸性肥料混合施用能起到较好的效果，如硫酸亚铁和硫酸钾造粒合施的肥效明显高于各自单独施用的肥效之和。

（5）浸种和种子包衣。对于易缺铁作物种子或缺铁土壤上播种，用铁肥浸种或包衣可矫正缺铁症。浸种溶液浓度为 1 g/kg 硫酸亚铁，包衣剂铁含量为 100 g/kg。

（6）肥灌铁肥。对于具有喷灌或滴灌设备的农田缺铁防治或矫正，可将铁肥加入到灌溉水中，效果良好。

第八节　土壤有效锰

锰（Mn）在地壳中是一个分布很广的元素，至少能在大多数岩石中，特别是铁镁矿物中找到微量锰的存在。土壤中全锰含量比较丰富，一般在 100~5 000 mg/kg。土壤中锰的含量因母质的种类、质地、成土过程以及土壤的酸度、全氮的积累程度等而异，其中母质的影响尤为明显。锰在植株中的正常浓度一般是 20~500 mg/kg。土壤中的有效锰主要包括水溶态锰、交换态锰和一部分易还原态锰。土壤 pH 值越低，锰有效性越高，在碱性或石灰性土壤中锰易形成 MnO 沉淀，有效性降低。大多数中性或碱性土壤有可能缺锰。石灰性土壤，尤其是排水不良和全氮含量高的土壤易缺锰。

对锰较敏感的作物有麦类、玉米、马铃薯、甘薯、甜菜、豆类、棉花、油菜和果树等。作物施用锰肥对种子发芽、苗期生长及生殖器官形成、根茎发育等都有良好作用。

一、土壤有效锰含量及其空间差异

通过对博州耕层土壤样品有效锰含量测定结果分析，博州耕层土壤有效锰平均值为 8.9 mg/kg。平均含量以温泉县含量最高，为 10.4 mg/kg，其次为博乐市 9.6 mg/kg，精河县含量最低，为 7.1 mg/kg。

博州土壤有效锰平均变异系数为 43.82%，最小值出现在温泉县，为 37.50%；最大值出现在精河县，为 45.07%。详见表 5-31。

表 5-31　博州土壤有效锰含量及其空间差异

县市	平均值（mg/kg）	标准差（mg/kg）	变异系数（%）
博乐市	9.6	4.1	42.71
精河县	7.1	3.2	45.07
温泉县	10.4	3.9	37.50
博州	8.9	3.9	43.82

二、土壤有效锰的分级与分布

从博州耕层土壤有效锰分级面积统计数据看，博州耕地土壤有效锰没有五级。按等级分，一级占 4.58%，二级占 22.79%，三级占 65.04%，四级占 7.59%。提升空间较大。详见表 5-32、图 5-8。

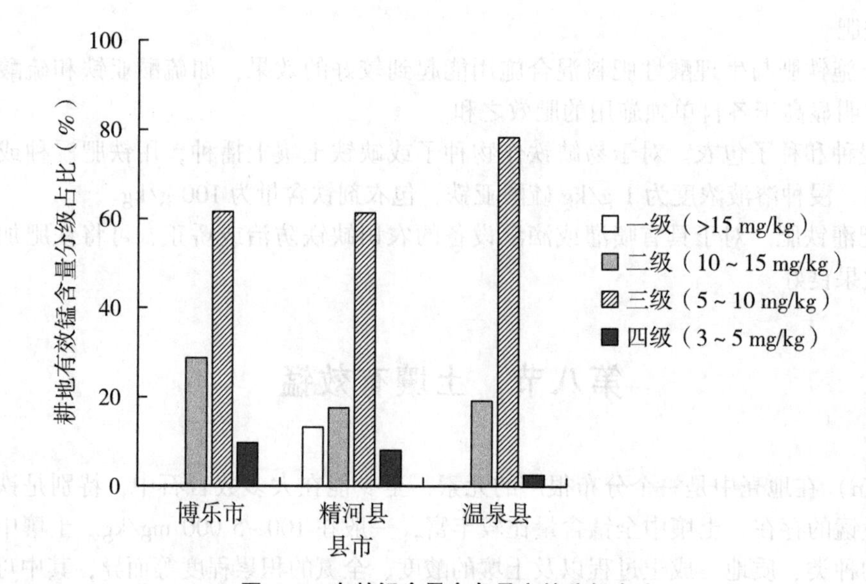

图 5-8　有效锰含量在各县市的分级占比

（一）一级

博州有效锰为一级的耕地面积 8 597.62hm²，仅在精河县分布。

（二）二级

博州有效锰为二级的耕地面积 4 2782.22hm²，其中博乐市面积最大，为 23 611.24hm²，占有效锰为二级的耕地面积的 55.19%。

（三）三级

博州有效锰为三级的耕地面积 122 066.54hm²，其中博乐市面积最大，为 50 589.52hm²，占有效锰为三级的耕地面积的 41.44%。

（四）四级

博州有效锰为四级的耕地面积 14 239.21hm²，其中博乐市面积最大，为 7 960.21hm²，占有效锰为四级的耕地面积的 55.90%。

表 5-32 土壤有效锰各等级在博州的分布

县市	一级（>15 mg/kg）		二级（10~15 mg/kg）		三级（5~10 mg/kg）		四级（3~5 mg/kg）		合计	
	面积（hm^2）	占比（%）	面积（hm^2）	占比（%）	面积（hm^2）	占比（%）	面积（hm^2）	占比（%）	面积（hm^2）	占比（%）
博乐市	—	—	23 611.24	55.19	50 589.52	41.44	7 960.21	55.90	82 160.97	43.78
精河县	8 597.62	100.00	11 469.79	26.81	39 973.23	32.75	5 236.94	36.78	65 277.58	34.78
温泉县	—	—	7701.19	18.00	31 503.79	25.81	1 042.06	7.32	40 247.04	21.44
总计	8 597.62	4.58	42 782.22	22.79	122 066.54	65.04	14 239.21	7.59	187 685.59	100.00

三、土壤有效锰调控

土壤中锰的有效性与土壤 pH 值、通气性和碳酸盐含量有一定关系，在 pH 值为 4~9 的范围内，随着土壤 pH 值的提高，锰的有效性降低，在酸性土壤中，全锰和交换性锰（有效锰）含量都较高。一般来说，有些土壤锰的全量比较高，但它的有效态含量却很低，生长在这种土壤中的农作物，依然会因缺锰而出现缺素的生理症状。另外，随着作物产量的增加和复种指数的提高，从土壤中带走的锰也越来越多，而且氮磷化肥的施用量越来越大，有机肥料施用不足，致使锰大面积的缺乏，有的地块已明显表现出缺素症状。

博州大部分为中性或碱性土壤，较易出现缺锰现象，尤其是排水不良和石灰性含量高的土壤极易缺锰。针对土壤缺锰状况，一般是通过施用含锰的肥料（锰肥）的方式进行补充。常用的锰肥有硫酸锰、氯化锰、碳酸锰、氧化锰等。在实际施用锰肥时，应注意以下原则。

（一）根据土壤锰丰缺情况和作物种类确定施用

一般情况下，在土壤锰有效含量低时易产生缺素症，所以应采取缺什么补什么的原则，才能达到理想的效果。不同的作物种类，对锰肥的敏感程度不同，其需要量也不一样，如对锰敏感的作物有豆科作物、小麦、马铃薯、洋葱、菠菜、苹果、草莓等，需求量大；其次是大麦、甜菜、三叶草、芹菜、萝卜、番茄、棉花等，需求量一般；对锰不敏感的作物有玉米、黑麦、牧草等，需求量则较小。

（二）注意施用量及浓度

只有在土壤严重缺乏锰元素时，才向土壤施用锰肥，因为一般作物对微量元素的需要量都很少，而且从适量到过量的范围很窄，因此要防止锰肥用量过大。土壤施用时必须施得均匀，否则会引起植物中毒，污染土壤与环境。锰肥可用作基肥和种肥。在播种前结合整地施入土中，或者与氮、磷、钾等化肥混合在一起均匀施入，施用量要根据作物和锰肥种类而定，一般不宜过大。土壤施用锰肥有后效，一般可每隔 3~4 年施用 1 次。

（三）注意改善土壤环境条件

微量元素锰的缺乏，往往不是因为土壤中锰含量低，而是因为其有效性低，通过调节土壤条件，如土壤酸碱度、土壤质地、全氮含量、土壤含水量等，可以有效改善土壤的锰营养条件。

（四）注意与大量元素肥料配合施用

微量元素和氮、磷、钾等营养元素都是同等重要、不可代替的，只有在满足了植物对大量元素需要的前提下，施用微量元素肥料才能充分发挥肥效，表现出明显的增产效果。

第九节　土壤有效铜

土壤铜含量常常与其母质来源和抗风化能力有关，与土壤质地间接相关。土壤中的铜大部分来自含铜矿物。一般情况下，基性岩发育的土壤，其含铜量多于酸性岩发育的土壤，沉积岩中以沙岩含铜量最低。

一、土壤有效铜含量及其空间差异

通过对博州耕层土壤样品有效铜含量测定结果分析，博州耕层土壤有效铜平均值为1.23 mg/kg。平均含量以博乐市含量最高，为1.48 mg/kg，其次为温泉县，为1.17 mg/kg，精河县含量最低，为1.00 mg/kg。

博州土壤有效铜平均变异系数为55.28%，最小值出现在温泉县，为31.62%；最大值出现在博乐市，为59.46%。详见表5-33。

表5-33 博州各县之间土壤有效铜含量差异

县市	平均值（mg/kg）	标准差（mg/kg）	变异系数（%）
博乐市	1.48	0.88	59.46
精河县	1.00	0.48	48.00
温泉县	1.17	0.37	31.62
博州	1.23	0.68	55.28

二、土壤有效铜的分级与分布

从博州耕层土壤有效铜分级面积统计数据看，博州耕地土壤有效铜多数在三级、四级。按等级分，一级占6.44%，二级占18.26%，三级占57.66%，四级占16.13%，五级占1.51%。提升空间较大。详见表5-34、图5-9。

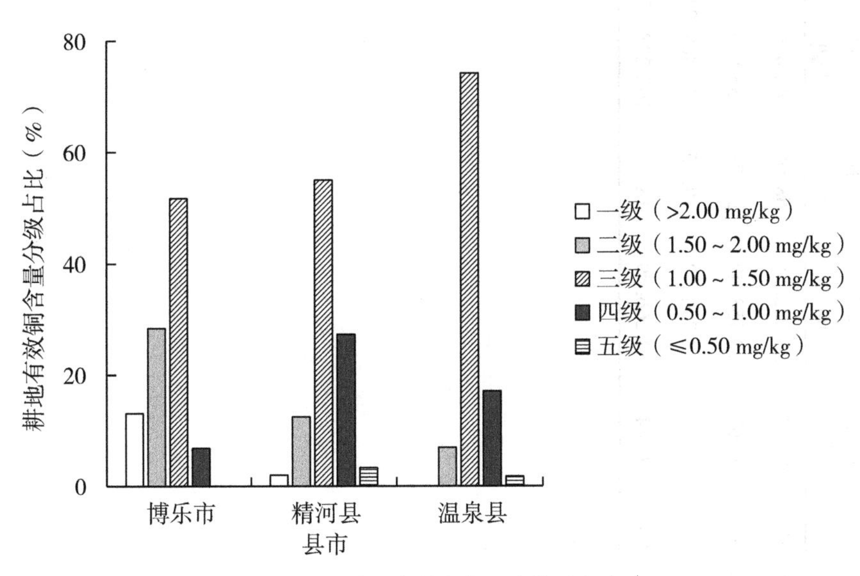

图5-9 有效铜含量在各县市的分级占比

表 5-34　土壤有效铜各等级在博州的分布

县市	一级（>2.00 mg/kg）		二级（1.50~2.00 mg/kg）		三级（1.00~1.50 mg/kg）		四级（0.50~1.00 mg/kg）		五级（≤0.50 mg/kg）		合计	
	面积（hm^2）	占比（%）	面积（hm^2）	占比（%）	面积（hm^2）	占比（%）	面积（hm^2）	占比（%）	面积（hm^2）	占比（%）	面积（hm^2）	占比（%）
博乐市	10 789.19	89.33	23 322.55	68.06	42 476.46	39.25	5 572.77	18.41	—	—	82 160.97	43.78
精河县	1 289.35	10.67	8 153.42	23.79	35 883.27	33.15	17 813.70	58.84	2 137.84	75.39	65 277.58	34.78
温泉县	—	—	2 790.92	8.15	29 868.84	27.60	6 889.57	22.75	697.71	24.61	40 247.04	21.44
总计	12 078.54	6.44	34 266.89	18.26	108 228.57	57.66	30 276.04	16.13	2 835.55	1.51	187 685.59	100.00

（一）一级

博州有效铜为一级的耕地面积 12 078.54 hm^2，其中博乐市面积最大，为 10 789.19 hm^2，占有效铜为一级的耕地面积的 89.33%。温泉县无有效铜为一级的耕地。

（二）二级

博州有效铜为二级的耕地面积 34 266.89 hm^2，其中博乐市面积最大，为 23 322.55 hm^2，占有效铜为二级的耕地面积的 68.06%。

（三）三级

博州有效铜为三级的耕地面积 108 228.57 hm^2，其中博乐市面积最大，为 42 476.46 hm^2，占有效铜为三级的耕地面积的 39.25%。

（四）四级

博州有效铜为四级的耕地面积 30 276.04 hm^2，其中精河县面积最大，为 17 813.70 hm^2，占有效铜为四级的耕地面积的 58.84%。

（五）五级

博州有效铜为五级的耕地面积 2 835.55 hm^2，其中精河县面积最大，为 2 137.84 hm^2，占有效铜为五级的耕地面积的 75.39%。博乐市无有效铜为五级的耕地分布。

三、土壤有效铜调控

一般认为，土壤缺铜的临界含量为 0.5 mg/kg，土壤有效铜低于 0.5 mg/kg 时，属于缺铜；低于 0.2 mg/kg 时，属于严重缺铜。针对土壤缺铜的情况，一般通过施用铜肥进行调控。

（一）铜的生理作用

铜参与植物的光合作用，以 Cu^{2+} 的形式被植物吸收，它可以畅通无阻地催化植物的氧化还原反应，从而促进碳水化合物和蛋白质的代谢与合成，使植物抗寒、抗旱能力大为增强；铜还参与植物的呼吸作用，影响作物对铁的利用，在叶绿体中含有较多的铜，因此铜与叶绿素形成有关；铜具有提高叶绿素稳定性的能力，避免叶绿素过早遭受破坏，这有利于叶片更好地进行光合作用。缺铜时，叶绿素减少，叶片出现失绿现象，幼叶的叶尖因缺绿而黄化并干枯，最后叶片脱落；还会使繁殖器官的发育受到破坏。植物需铜量极少，一般不会缺铜。

（二）土壤铜的变化特性

不同作物种植区土壤铜含量变化不一。土壤中铜的形态包括水溶态铜、有机态铜、离子态铜。水溶态铜在土壤全铜中所占比例较低，土壤中水溶态铜占全铜的比例仅为 1.2%～2.8%，离子态铜占全铜及水溶态铜的比例分别为 0.0003%～0.018%和 0.01%～1.4%。使用有机肥会降低活性态铜含量，增加有机态铜含量，在铜缺乏土壤上应该避免过量使用有机肥。

（三）铜肥类型及合理施用技术

铜肥的主要类型有硫酸铜、氧化铜、氧化亚铜、碱式硫酸铜、铜矿渣等。

1. 硫酸铜

分子式为 $CuSO_4 \cdot 5H_2O$，含铜量为 25.5%，或失水成为 $CuSO_4 \cdot H_2O$，含铜量为 35%，能溶于水、醇、甘油及氨液，水溶液呈酸性。适用于各种施肥方法，但要注意在磷肥施用量较大的土壤上，最好采用拌种处理或叶面喷施，以防止磷与铜结合成难溶的盐，降低铜的有效性。基施和拌种可促进玉米对铜的吸收，增产6%~15%。

2. 氧化铜

分子式为CuO，含铜量78.3%，不溶于水和醇，但可在氨溶液中缓慢溶解。只能用作基肥，一般施入酸性土壤为好，每亩施用量为0.4~0.6 kg，每隔3~5年施用1次。

3. 氧化亚铜

分子式为Cu_2O，含铜量为84.4%。不溶于水、醇；溶于盐酸、浓氨水、浓碱。在干燥空气中稳定，在湿润空气中逐渐氧化成黑色氧化铜。由于难溶于水，只能作基肥，每亩施0.3~0.5 kg，每隔3~5年施1次。

4. 碱式硫酸铜

分子式为$CuSO_4 \cdot 3Cu(OH)_2 \cdot H_2O$，含铜量为13%~53%。只溶于无机酸，不溶于水，只适用于基肥，用于酸性土壤，每亩施0.5~1 kg。

5. 铜矿渣

含铜（Cu）、铁（Fe）、二氧化硅（SiO_2）、氧化镁（MgO）等，含铜量为0.3%~1.0%，该产品为矿山生产副产品，难溶于水，也可作铜肥使用，亩施30~40 kg，于秋耕或春耕时施入。对改良泥炭土和腐殖质湿土效果显著。但若含有大量镉、铅、汞等元素，应先加工处理，去掉镉、铅、汞有害物质后再进行施用。

第十节 土壤有效锌

锌（Zn）是一种浅灰色的过渡金属，是第四种“常见”的金属，仅次于铁、铝及铜。土壤锌含量因土壤类型而异，并受成土母质的影响。锌是一些酶的重要组成成分，这些酶在缺锌的情况下活性大大降低。绿色植物的光合作用，必须要有含锌的碳酸酐酶的参与，它主要存在于植株的叶绿体中，催化二氧化碳的水合作用，提高光合强度，促进碳水化合物的转化。锌能促进氮素代谢。缺锌植株体内的氮素代谢会发生紊乱，造成氨的大量累积，抑制了蛋白质的合成。植株的失绿现象，在很大程度上与蛋白质的合成受阻有关。施锌促进植株生长发育的效应显著，并能增强抗病、抗寒能力，可防治玉米花叶白苗病、柑橘小叶病，减轻小麦条锈病、大麦的坚黑穗病、向日葵的白腐和灰腐病的危害，增强玉米植株的耐寒性。

锌作为作物生长必需的微量元素，其在土壤中的含量及变化状况直接影响作物产量和产品品质，影响农业的高产高效，因此进行微量元素锌的调查分析具有重要意义。

一、土壤有效锌含量及其空间差异

通过对博州耕层土壤样品有效锌含量测定结果分析，博州耕层土壤有效锌平均值为0.91 mg/kg。平均含量以博乐市含量最高，为1.02 mg/kg，其次为精河县，为0.87 mg/kg，温泉县含量最低，为0.80 mg/kg。

博州土壤有效锌平均变异系数为59.34%，最小值出现在博乐市，为55.88%；最大值出现在温泉县，为66.25%。详见表5-35。

表 5-35　博州土壤有效锌含量及其空间差异

县市	平均值（mg/kg）	标准差（mg/kg）	变异系数（%）
博乐市	1.02	0.57	55.88
精河县	0.87	0.53	60.92
温泉县	0.80	0.53	66.25
博州	0.91	0.54	59.34

二、土壤有效锌的分级与分布

从博州耕层土壤有效锌分级面积统计数据看，博州耕地土壤有效锌多数在四级。按等级分，一级占 1.57%，二级占 3.79%，三级占 13.12%，四级占 77.46%，五级占 4.06%。农业生产中需重视锌肥的施用。详见表 5-36、图 5-10。

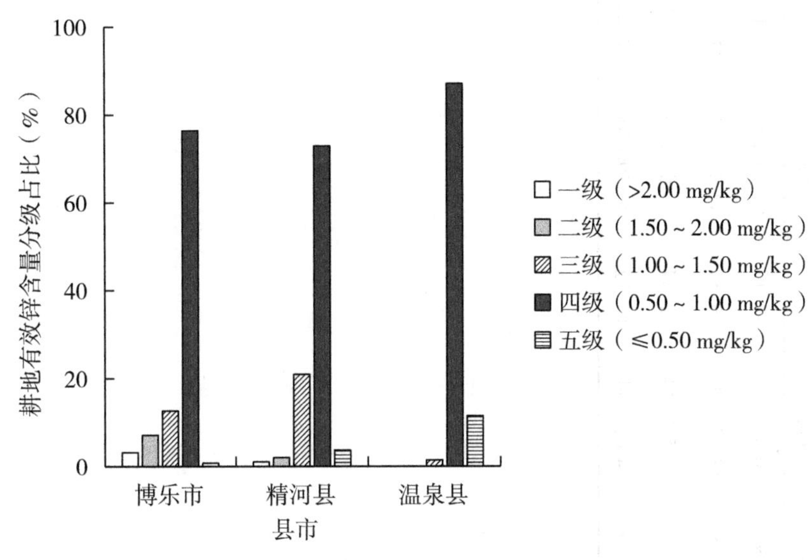

图 5-10　有效锌含量在各县市的分级占比

（一）一级

博州有效锌为一级的耕地面积 2 939.90 hm^2，其中博乐市面积最大，为 2 611.82 hm^2，占有效锌为一级的耕地面积的 88.84%。温泉县无有效锌为一级的耕地。

（二）二级

博州有效锌为二级的耕地面积 7 109.31 hm^2，其中博乐市面积最大，为 5 823.70 hm^2，占有效锌为二级的耕地面积的 81.92%。温泉县无有效锌为二级的耕地。

（三）三级

博州有效锌为三级的耕地面积 24 617.54 hm^2，其中精河县面积最大，为 13 671.79 hm^2，占有效锌为三级的耕地面积的 55.54%。

（四）四级

博州有效锌为四级的耕地面积 145 390.55 hm^2，其中博乐市面积最大，为 62 761.58 hm^2，占有效锌为四级的耕地面积的 43.17%。

表 5-36 土壤有效锌各等级在博州的分布

县市	一级（>2.00 mg/kg）		二级（1.50~2.00 mg/kg）		三级（1.00~1.50 mg/kg）		四级（0.50~1.00 mg/kg）		五级（≤0.50 mg/kg）		合计	
	面积（hm^2）	占比（%）	面积（hm^2）	占比（%）	面积（hm^2）	占比（%）	面积（hm^2）	占比（%）	面积（hm^2）	占比（%）	面积（hm^2）	占比（%）
博乐市	2611.82	88.84	5 823.7	81.92	10 368.27	42.12	62 761.58	43.17	595.6	7.81	82 160.97	43.78
精河县	328.08	11.16	1 285.61	18.08	13 671.79	55.54	47 575.52	32.72	2 416.58	31.68	65 277.58	34.78
温泉县	—	—	—	—	577.48	2.34	35 053.45	24.11	4 616.11	60.51	40 247.04	21.44
总计	2 939.9	1.57	7 109.31	3.79	24 617.54	13.12	145 390.55	77.46	7 628.29	4.06	187 685.59	100.00

（五）五级

博州有效锌为五级的耕地面积 7 628.29 hm^2，其中温泉县面积最大，为 4 616.11 hm^2，占有效锌为五级的耕地面积的 60.51%。

三、土壤有效锌调控

一般认为，土壤缺锌的临界含量为 1.0 mg/kg，有效锌含量低于 1.0 mg/kg 时，属于缺锌；低于 0.5 mg/kg 时，属于严重缺锌。针对土壤缺锌的情况，一般通过施用锌肥进行调控。

（一）锌肥类型

常见的锌肥包括硫酸锌、氯化锌、氧化锌等。硫酸锌（$ZnSO_4 \cdot 7H_2O$），含锌量为 23%~24%，白色或橘红色结晶，易溶于水。氯化锌（$ZnCl_2$），含锌量为 40%~48%，白色结晶，易溶于水。氧化锌（ZnO），含锌量为 70%~80%，白色的粉末，难溶于水。

（二）施用方法

锌肥可以基施、追施、浸种、拌种、喷施，一般以叶面肥喷施效果最好。

（三）锌肥施用注意事项

（1）锌肥施用在对锌敏感作物上。像玉米、花生、大豆、甜菜、菜豆、果树、番茄等施用锌肥效果较好。

（2）施在缺锌的土壤上。在缺锌的土壤上施用锌肥较好，在不缺锌的土壤上不用施锌肥。如果植株早期表现出缺锌症状，可能是早春气温低，微生物活动弱，肥没有完全溶解，秧苗根系活动弱，吸收能力差；磷、锌的拮抗作用，土壤环境影响可能缺锌。但到后期气温升高，此症状就消失了。

（3）作基肥隔年施用。锌肥作基肥每公顷用硫酸锌 20~25kg，要均匀施用，同时要隔年施用，因为锌肥在土壤中的残效期较长，不必每年施用。

（4）不要与农药一起拌种。拌种用硫酸锌 2 g/kg 左右，以少量水溶解，喷于种子上或浸种，待种子干后，再进行农药处理，否则影响效果。

（5）不要与磷肥混用。因为锌、磷有拮抗作用，锌肥要与干细土或酸性肥料混合施用，撒于地表，随耕地翻入土中，否则将影响锌肥的效果。

（6）不要表施，要埋入土中。追施硫酸锌 1.0kg/亩左右，开沟施用后覆土，表施效果较差。

（7）浸秧根不要时间过长，浓度不宜过大，以 1%的浓度为宜，浸半分钟即可，时间过长会发生药害。

（8）叶面喷施效果好。用浓度为 0.1%~0.2%硫酸锌、锌宝溶液进行叶面喷雾，每隔 6~7 d 喷 1 次，喷 2~3 次，但注意不要把溶液灌进心叶，以免灼伤植株。

第十一节　土壤有效硫

有效硫，是指土壤中能被植物直接吸收利用的硫。通常包括易溶硫、吸附性硫和部分有机硫。有效硫主要是无机硫酸根，它以溶解状态存在于土壤溶液中，或被吸附在土壤胶体上，在浓度较大的土壤中则因过饱和而沉淀为硫酸盐固体，这些形态的硫酸盐大多是水溶性的、酸溶性的或代换性的，易于被植物吸收。

一、土壤有效硫含量及其空间差异

通过对博州耕层土壤样品有效硫含量测定结果分析，博州耕层土壤有效硫平均值为152.86 mg/kg。平均含量以精河县含量最高，为218.73 mg/kg，其次为博乐市，为176.79 mg/kg，温泉县含量最低，为58.42 mg/kg。

博州土壤有效硫平均变异系数为127.95%，最小值出现在温泉县，为74.75%；最大值出现在博乐市，为119.75%。详见表5-37。

表5-37 博州土壤有效硫含量及其空间差异

县市	平均值（mg/kg）	标准差（mg/kg）	变异系数（%）
博乐市	176.79	211.70	119.75
精河县	218.73	238.31	108.95
温泉县	58.42	43.67	74.75
博州	152.86	195.58	127.95

二、土壤有效硫的分级与分布

从博州耕层土壤有效硫分级面积统计数据看，博州耕地土壤有效硫多数在一级，没有五级。按等级分，一级占90.71%，二级占8.11%，三级占1.14%，四级占0.04%。详见表5-38、图5-11。

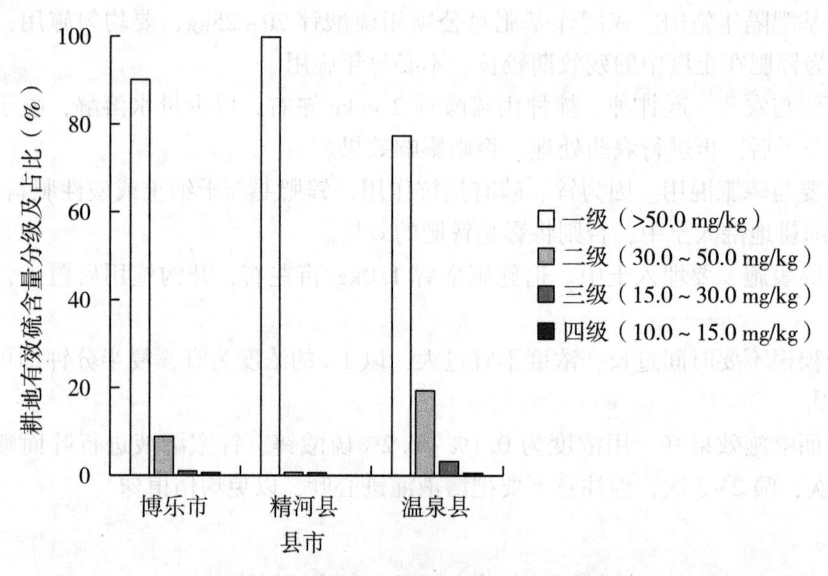

图5-11 有效硫含量在各县市的分级占比

（一）一级

博州有效硫为一级的耕地面积170 252.62 hm²，其中博乐市面积最大，为73 989.82 hm²，占有效硫为一级的耕地面积的43.46%。

表 5-38　土壤有效硫各等级在博州的分布

县市	一级（>50.0 mg/kg）		二级（30.0~50.0 mg/kg）		三级（15.0~30.0 mg/kg）		四级（10.0~15.0 mg/kg）		合计	
	面积（hm^2）	占比（%）	面积（hm^2）	占比（%）	面积（hm^2）	占比（%）	面积（hm^2）	占比（%）	面积（hm^2）	占比（%）
博乐市	73 989.82	43.46	7 314.56	48.05	789.78	37.00	66.81	88.26	82 160.97	43.78
精河县	65 121.61	38.25	115.78	0.76	40.19	1.88	—	—	65 277.58	34.78
温泉县	31 141.19	18.29	7 792.24	51.19	1 304.73	61.12	8.88	11.74	40 247.04	21.44
总计	170 252.62	90.71	15 222.58	8.11	2 134.70	1.14	75.69	0.04	187 685.59	100.00

（二）二级

博州有效硫为二级的耕地面积 15 222. 58 hm^2，其中温泉县面积最大，为 7 792. 24 hm^2，占有效硫为二级的耕地面积的 51. 19%。

（三）三级

博州有效硫为三级的耕地面积 2 134. 70 hm^2，其中温泉县面积最大，为 1 304. 73 hm^2，占有效硫为三级的耕地面积的 61. 12%。

（四）四级

博州有效硫为四级的耕地面积 75. 69 hm^2，其中博乐市面积最大，为 66. 81 hm^2，占有效硫为四级的耕地面积的 88. 26%。精河县无有效硫为四级的耕地分布。

三、土壤有效硫调控

（一）控制硫肥用量

具体用量视土壤有效硫水平高低而定。就一般作物而言，土壤有效硫低于 16 mg/kg 时，施硫才会有增产效果，若有效硫大于 20 mg/kg，除喜硫作物外，施硫一般无增产效果。在不缺硫的土壤上施用硫肥不仅不会增产，甚至会导致土壤酸化和减产。十字花科、豆科作物以及葱、蒜、韭菜等都是需硫较多的作物，对施肥的反应敏感。而谷类作物则比较耐缺硫胁迫。硫肥用量的确定除了应考虑土壤、作物硫供需状况外，还要考虑到各元素间营养平衡问题，尤其是氮、硫的平衡。一些试验表明，只有在氮硫比接近 7 时，氮、硫才能都得到有效利用。当然，这一比值应随不同土壤氮、硫基础含量不同而做相应调整。

（二）选择适宜的硫肥品种

硫酸铵、硫酸钾及金属微量元素的硫酸盐中的硫酸根都是易于被作物吸收利用的硫形态。普钙中的石膏肥效要慢些。施用硫酸盐肥料的同时不应忽视由此带入的其他元素的平衡问题。施用硫黄虽然元素单纯，但须经微生物转化后才能有效，其肥效与土壤环境条件及肥料本身的细度有密切关系，而且其后效也比硫酸盐肥料大得多，甚至可以隔年施用。

（三）确定合理的施硫时期

硫肥的施用时间也直接影响着硫肥效果的好坏。在温带地区，硫酸盐类等可溶性硫肥春季使用效果比秋季好。在热带、亚热带地区则宜夏季施用。硫肥一般可以作基肥，于播种或移栽前耕地时施入，通过耕耙使之与土壤混合。根外喷施硫肥仅可作为补硫的辅助性措施。使用微溶或不溶于水的石膏或硫黄的悬液进行蘸根处理是经济用硫的有效方法。

第十二节　土壤有效硅

一般作物不会缺硅（Si），但个别作物却对硅敏感。硅主要存在地壳中，自然界中硅的主要来源是含硅矿物。土壤中的硅主要是以硅酸盐的形式存在，土壤中的有效硅含量一般为每千克几十至几百毫克。

施用硅肥后，可使植物表皮细胞硅质化，茎秆挺立，增强叶片的光合作用。硅化细胞还可增加细胞壁的厚度，形成一个坚固的保护壳，病菌难以入侵；病虫害一旦为害即遭抵制。作物吸收硅肥后，导管刚性加强，有防止倒伏和促进根系生长的作用，是维持植物正常生命的一个重要组成部分。

此外，缺硅会使瓜果畸形，色泽灰暗，糖度减少，口感变差，影响商品性。增施硅肥则能大大提高这些性状。从植物生理学上的解释是：植物在硅肥的调节下，能抑制作物对氮肥的过量吸收，相应地促进了同化产物向多糖物质转化的结果。因此，农业中既要保证高产，又要保证优质，就需要施用硅肥。但由于硅的性质稳定，会在土壤中以化合物的形态被固定，移动性差，因此，我们就要以施用硅肥的方法来补充，这在肥料应用日益减少的现在显得更为必要。

一、土壤有效硅含量及其空间差异

通过对博州耕层土壤样品有效硅含量测定结果分析，博州耕层土壤有效硅平均值为205.98 mg/kg。平均含量以精河县含量最高，为257.86 mg/kg，其次为博乐市，为205.92 mg/kg，温泉县含量最低，为128.25 mg/kg。

博州土壤有效硅平均变异系数为84.68%，最小值出现在温泉县，为35.52%；最大值出现在精河县，为94.78%。详见表5-39。

表5-39　博州土壤有效硅含量及其空间差异

县市	平均值（mg/kg）	标准差（mg/kg）	变异系数（%）
博乐市	205.92	130.68	63.46
精河县	257.86	244.39	94.78
温泉县	128.25	45.56	35.52
博州	205.98	174.43	84.68

二、土壤有效硅的分级与分布

从博州耕层土壤有效硅分级面积统计数据看，博州耕地土壤有效硅多数在二级。按等级分，一级占22.14%，二级占48.50%，三级占26.80%，四级占2.49%，五级占0.07%。详见表5-40、图5-12。

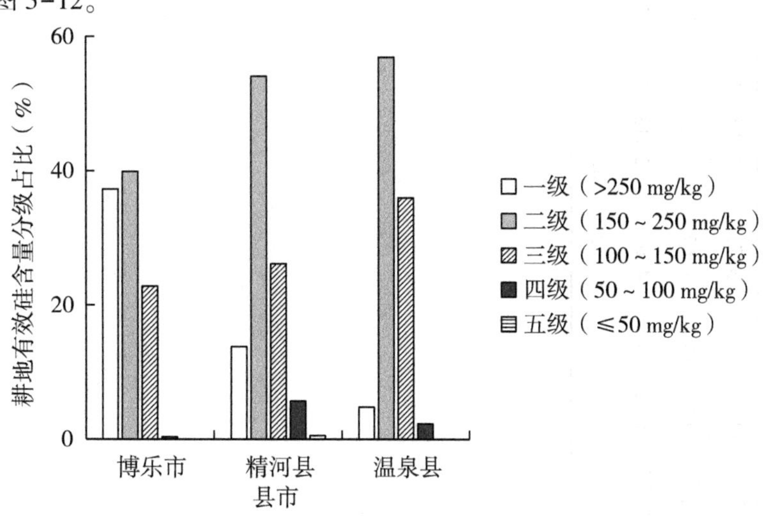

图5-12　有效硅含量在各县市的分级占比

表 5-40　土壤有效硅各等级在博州的分布

县市	一级（>250 mg/kg）		二级（150~250 mg/kg）		三级（100~150 mg/kg）		四级（50~100 mg/kg）		五级（≤50 mg/kg）		合计	
	面积（hm^2）	占比（%）	面积（hm^2）	占比（%）	面积（hm^2）	占比（%）	面积（hm^2）	占比（%）	面积（hm^2）	占比（%）	面积（hm^2）	占比（%）
博乐市	30 635.12	73.73	32 783.44	36.02	18 728.45	37.23	13.96	0.30	—	—	82 160.97	43.78
精河县	9 003.46	21.67	35 321.16	38.80	17 091.03	33.98	3 727.07	79.75	134.86	100.00	65 277.58	34.78
温泉县	1 911.90	4.60	22 918.59	25.18	14 484.36	28.79	932.19	19.95	—	—	40 247.04	21.44
博州	41 550.48	22.14	91 023.19	48.50	50 303.84	26.80	4 673.22	2.49	134.86	0.07	187 685.59	100.00

（一）一级

博州有效硅为一级的耕地面积 41 550.48 hm^2，其中博乐市面积最大，为 30 635.12 hm^2，占有效硅为一级的耕地面积的 73.73%。

（二）二级

博州有效硅为二级的耕地面积 91 023.19 hm^2，其中精河县面积最大，为 35 321.16 hm^2，占有效硅为二级的耕地面积的 38.80%。

（三）三级

博州有效硅为三级的耕地面积 50 303.84 hm^2，其中博乐市面积最大，为 18 728.45 hm^2，占有效硅为三级的耕地面积的 37.23%。

（四）四级

博州有效硅为四级的耕地面积 4 673.22 hm^2，其中精河县面积最大，为 3 727.07 hm^2，占有效硅为四级的耕地面积的 79.75%。

（五）五级

博州有效硅为五级的耕地面积 134.86 hm^2，仅在精河县分布。

三、土壤有效硅调控

缺硅与作物种类密切有关，作物施用硅肥可以有效提高作物的抗病虫害能力，特别是对病虫害的抗性加强，针对土壤缺硅的不同类型及作物对硅肥的需求不同，通过合理施用硅肥进行调控。

（一）根据作物种类

各种作物需硅的情况不一样，对硅肥也有不同的反应。在各种作物中，以水果、蔬菜对硅肥的反应较好。

（二）根据肥料种类

硅肥主要有硅酸铵、硅酸钠、三氧化硅和含硅矿渣，可作基肥、种肥和追肥施用。目前，硅肥的品种主要有枸溶性硅肥、水溶性硅肥两大类，枸溶性硅肥是指不溶于水而溶于酸后可以被植物吸收的硅肥；水溶性硅肥是指溶于水可以被植物直接吸收的硅肥，农作物对其吸收利用率较高，为高温化学合成，生产工艺较复杂，成本较高，但施用量较小，一般常用作叶面喷施、冲施和滴灌，也可进行基施和追施，具体用量可根据作物品种喜硅情况、当地土壤的缺硅情况以及硅肥的具体含量而定。

（三）根据土壤情况

硅是第四大矿物元素，理想的土壤调理剂，硅肥缓释长效，保证作物对硅元素的吸收达到最优水平，根据其原料生产产品养分全面、含量高、活性强、吸收利用率高。

第十三节　土壤有效钼

土壤中钼（Mo）的含量主要与成土母质、土壤质地、土壤类型、气候条件及全氮含量等有关。钼主要存在地壳中，自然界中钼的主要来源是含钼矿藏。钼对动植物的营养及代谢具有重要作用，土壤中的钼来自含钼矿物（主要含钼矿物是辉钼矿）。含钼矿物经过风化后，钼则以钼酸离子（MoO_4^{2-} 或 $HMoO_4^-$）的形态进入溶液。

土壤中的钼可区分成 4 部分：一是水溶态钼，包括可溶态的钼酸盐。二是代换态钼，MoO_4^{2-} 离子被黏土矿物或铁锰的氧化物所吸附。以上两部分称为有效态钼是植物能够吸收的。三是难溶态钼，包括原生矿物、次生矿物、铁锰结核中所包被的钼。四是有机结合态的钼。需注意探明土壤有效钼含量，为合理施肥、促进作物高产奠定基础。同时，也要防止钼过量带来的危害。

一、土壤有效钼含量及其空间差异

通过对博州耕层土壤样品有效钼含量测定结果分析，博州耕层土壤有效钼平均值为 0.42 mg/kg。平均含量以精河县含量最高，为 0.61 mg/kg，其次为博乐市，为 0.40 mg/kg，温泉县含量最低，为 0.20 mg/kg。

博州土壤有效钼平均变异系数为 114.29%，最小值出现在博乐市，为 70.00%；最大值出现在精河县，为 118.03%。详见表 5-41。

表 5-41　博州土壤有效钼含量及其空间差异

县市	平均值（mg/kg）	标准差（mg/kg）	变异系数（%）
博乐市	0.40	0.28	70.00
精河县	0.61	0.72	118.03
温泉县	0.20	0.16	80.00
博州	0.42	0.48	114.29

二、土壤有效钼的分级与分布

从博州耕层土壤有效钼分级面积统计数据看，博州耕地土壤有效钼多数在一级。按等级分，一级占 71.24%，二级占 7.59%，三级占 12.52%，四级占 7.80%，五级占 0.85%。详见表 5-42、图 5-13。

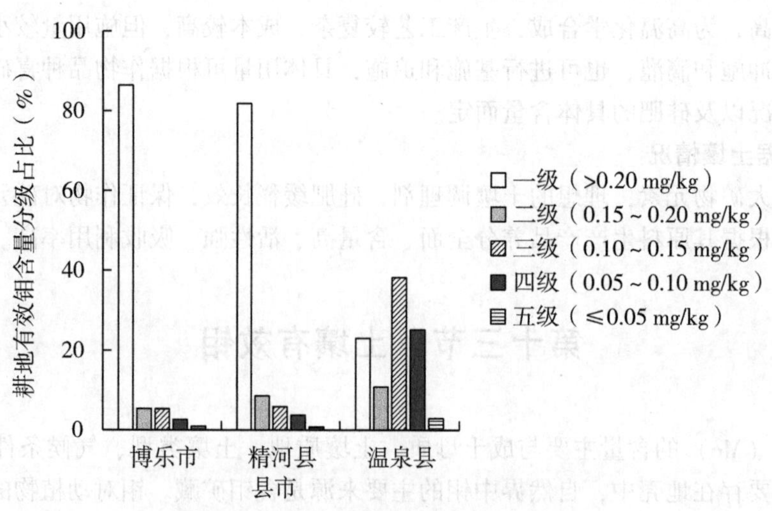

图 5-13　有效钼含量在各县市的分级占比

表 5-42　土壤有效钼各等级在博州的分布

县市	一级 (>0.20 mg/kg)		二级 (0.15~0.20 mg/kg)		三级 (0.10~0.15 mg/kg)		四级 (0.05~0.10 mg/kg)		五级 (≤0.05 mg/kg)		合计	
	面积 (hm^2)	占比 (%)	面积 (hm^2)	占比 (%)	面积 (hm^2)	占比 (%)	面积 (hm^2)	占比 (%)	面积 (hm^2)	占比 (%)	面积 (hm^2)	占比 (%)
博乐市	71 038.48	53.13	4 366.82	30.66	4 322.67	18.40	2 132.81	14.56	300.19	18.85	82 160.97	43.78
精河县	53 404.39	39.94	5 546.98	38.94	3 796.42	16.16	2 393.30	16.34	136.49	8.57	65 277.58	34.78
温泉县	9 264.83	6.93	4 329.51	30.40	15 376.53	65.44	10 120.57	69.10	1 155.6	72.58	40 247.04	21.44
博州	133 707.70	71.24	14 243.31	7.59	23 495.62	12.52	14 646.68	7.80	1592.28	0.85	187 685.59	100.00

（一）一级

博州有效钼为一级的耕地面积 133 707.70 hm^2，其中博乐市面积最大，为 71 038.48 hm^2，占有效钼为一级的耕地面积的 53.13%。

（二）二级

博州有效钼为二级的耕地面积 14 243.31 hm^2，其中精河县面积最大，为 5 546.98 hm^2，占有效钼为二级的耕地面积的 38.94%。

（三）三级

博州有效钼为三级的耕地面积 23 495.62 hm^2，其中温泉县面积最大，为 15 376.53 hm^2，占有效钼为三级的耕地面积的 65.44%。

（四）四级

博州有效钼为四级的耕地面积 14 646.68 hm^2，其中温泉县面积最大，为 10 120.57 hm^2，占有效钼为四级的耕地面积的 69.10%。

（五）五级

博州有效钼为五级的耕地面积 1 592.28 hm^2，其中温泉县面积最大，为 1 155.60 hm^2，占有效钼为五级的耕地面积的 72.58%。

三、土壤有效钼调控

缺钼与作物种类密切有关，以豆科作物最为敏感，如紫云英、苕子、苜蓿、大豆、花生等。高含量钼对植物有不良影响。针对土壤缺钼的不同类型，通过合理施用钼肥进行调控。

（一）根据作物种类

各种作物需钼的情况不一样，对钼肥也有不同的反应。在各种作物中，豆科和十字花科作物对钼肥的反应最好。由于钼与固氮作用有密切关系，豆科作物对钼肥有特殊的需要，所以钼肥应当首先集中施用在豆科作物上。

1. 大豆

使用钼肥可使大豆苗壮早发，根系发达，根瘤多而大，色泽鲜艳，株高、叶宽、总节数、分枝数、荚数、三粒荚数、蛋白质含量等都增加，因而能提高产量。

2. 花生

施用钼肥能使花生的单株荚果数、百果重和百仁重提高，空秕率降低，产量提高。

3. 其他

玉米施用钼肥拌种，平均增产 8.7%。小麦施用钼肥，平均增产 13%~16%，谷子施用钼肥，平均增产 4.5%~18%。

（二）根据肥料种类

钼肥主要有钼酸铵、钼酸钠、三氧化钼和含钼矿渣，可作基肥、种肥和追肥施用。

1. 基肥

含钼矿渣难溶解，以作基肥施用为好。钼肥可以单独施用，也可和其他常用化肥或有机肥混合施用，如单独施用，用量少，不易施匀，可拌干细土 5 kg，搅拌均匀后施用。施用时可以撒施后犁入土中或耙入耕层内。钼肥的价格高，为节约用肥，可采取沟施、穴施的办法。

2. 种肥

种肥是一种常用的施肥方法，既省工，又省肥，操作方便，效果很好。

（1）浸种。用0.05%~0.1%的钼酸铵溶液浸种12 h左右，肥液用量要淹没种子。用浸种方法，要考虑当时的土壤墒情，如果墒情不好，浸种处理过的种子中的水分反被土壤吸走，造成芽干而不能出苗。

（2）拌种。每千克种子用钼酸铵2 g，先用少量的热水溶解，再兑水配成2%~3%的溶液，用喷雾器在种子上薄薄地喷一层肥液，边喷边搅拌，溶液不要用得过多，以免种皮起皱，造成烂种。拌好后，将种子阴干即可播种。如果种子还要进行农药处理，一定要等种子阴干后进行。浸过或拌过钼肥的种子，人畜不能食用，以免引起钼中毒。

3. 追肥

多采用根外追肥的办法。叶面喷施要求肥液溶解彻底，不可有残渣。一般要连续喷施2次为好，大豆需钼量多，拌种时可用3%的钼酸铵溶液，均匀地喷在豆种上，阴干即可播种。

钼与磷有相互促进的作用，磷能增强钼肥的效果。可将钼肥与磷肥配合施用，也可再配合氮肥。每公顷用钼酸铵225g、尿素7.5kg、过磷酸钙15kg配合施用。其方法是先将过磷酸钙加水1 125kg，搅拌溶解放置过夜，第二天将沉淀的渣滓滤去，加入钼肥及尿素即可进行喷雾。另外，硫能抑制作物对钼的吸收，含硫多的土壤或施用硫肥过量会降低钼肥的作用。

总体来说，作物对钼的需求总量还是相对较少的；有效钼的供应过多，可能会对作物产生毒害，因此在钼肥的施用上，要严格控制用量，避免过量。由于钼肥用量较少，作为基肥施用时，要力求达到施匀施用，可与土或其他肥料充分混合后施用；根外追肥也要浓度适宜，不可随意增加用量或浓度，避免局部浓度过高。

第十四节　土壤有效硼

硼（B）是作物生长必需的营养元素之一，虽然需求总量不高，但硼所起的作用不可忽视。土壤中的硼大部分存在于土壤矿物中，小部分存在于有机物中。受成土母质、土壤质地、土壤pH值、土壤类型、气候条件等因素的影响，盐土全硼含量通常高于其他土壤。

土壤中的硼通常分为酸不溶态、酸溶态和水溶态3种形式，其中水溶态硼对作物是有效的，属有效硼。土壤有效硼含量与盐渍化程度密切相关，盐化土壤和盐土有效硼含量高，盐渍化程度越高，有效硼含量也越高，碱土和碱化土则低。影响土壤硼有效性的因素有气候条件、土壤全氮含量、土壤质地、pH值等。降水量影响有效硼的含量，硼是一种比较容易淋失的元素，降水量大，有效硼淋失多。在降水量小的情况下，全氮的分解受到影响，硼的供应减少；同时，土壤干旱可增加土壤对硼的固定，导致硼的有效性降低。所以，降水过多或过少都降低硼的有效性。有效硼含量与全氮含量呈正相关，一般土壤中的硼含量随全氮含量的增加有增加的趋势。土壤全氮含量高，有效硼含量也高。这是因为土壤全氮与硼结合，防止了硼的淋失；在全氮被矿化后，其中的硼即被释放出来。由于种植结构、施肥习惯的不同，各地土壤硼含量差异很大。

一、土壤有效硼含量及其空间差异

通过对博州耕层土壤样品有效硼含量测定结果分析，博州耕层土壤有效硼平均值为2.9

mg/kg。平均含量以精河县含量最高，为 4.9 mg/kg，其次为博乐市，为 2.3 mg/kg，温泉县含量最低，为 1.0 mg/kg。

博州土壤有效硼平均变异系数为 124.14%，最小值出现在温泉县，为 50.00%；最大值出现在精河县，为 106.12%。详见表 5-43。

表 5-43 博州土壤有效硼含量及其空间差异

县市	平均值（mg/kg）	标准差（mg/kg）	变异系数（%）
博乐市	2.3	1.3	56.52
精河县	4.9	5.2	106.12
温泉县	1.0	0.5	50.00
博州	2.9	3.6	124.14

二、土壤有效硼的分级与分布

从博州耕层土壤有效硼分级面积统计数据看，博州耕地土壤有效硼多数在一级。按等级分，一级占 61.24%，二级占 11.29%，三级占 17.81%，四级占 9.47%，五级占 0.19%。仍有较大提升空间。详见表 5-44、图 5-14。

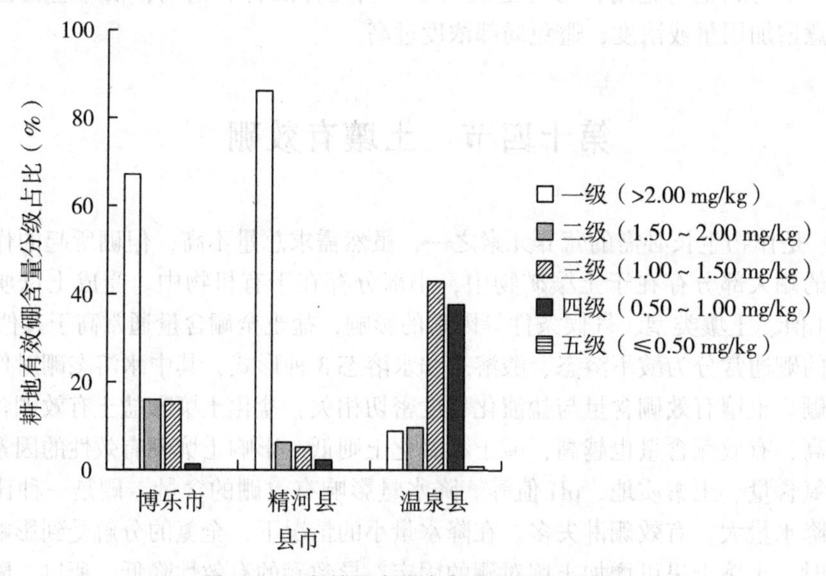

图 5-14 有效硼含量在各县市的分级占比

（一）一级

博州有效硼为一级的耕地面积 114 941.49 hm^2，其中精河县面积最大，为 56 193.29 hm^2，占有效硼为一级的耕地面积的 48.89%。

（二）二级

博州有效硼为二级的耕地面积 21 199.25 hm^2，其中博乐市面积最大，为 13 161.06 hm^2，占有效硼为二级的耕地面积的 62.08%。

表 5-44 土壤有效硼各等级在博州的分布

县市	一级（>2.00 mg/kg）		二级（1.50~2.00 mg/kg）		三级（1.00~1.50 mg/kg）		四级（0.50~1.00 mg/kg）		五级（≤0.50 mg/kg）		合计	
	面积（hm^2）	占比（%）	面积（hm^2）	占比（%）	面积（hm^2）	占比（%）	面积（hm^2）	占比（%）	面积（hm^2）	占比（%）	面积（hm^2）	占比（%）
博乐市	55 175.44	48.00	13 161.06	62.08	12 739.95	38.11	1 084.52	6.10	—	—	82 160.97	43.78
精河县	56 193.29	48.89	4 125.89	19.46	3 425.67	10.25	1 532.73	8.63	—	—	65 277.58	34.78
温泉县	3 572.76	3.11	3 912.3	18.46	17 265.77	51.64	15 147.96	85.27	348.25	100.00	40 247.04	21.44
总计	114 941.49	61.24	21 199.25	11.29	33 431.39	17.81	17 765.21	9.47	348.25	0.19	187 685.59	100.00

（三）三级

博州有效硼为三级的耕地面积 33 431.39 hm^2，其中温泉县面积最大，为 17 265.77 hm^2，占有效硼为三级的耕地面积的 51.64%。

（四）四级

博州有效硼为四级的耕地面积 17 765.21 hm^2，其中温泉县面积最大，为 15 147.96 hm^2，占有效硼为四级的耕地面积的 85.27%。

（五）五级

博州有效硼为五级的耕地面积 348.25 hm^2，仅在温泉县分布。

三、土壤有效硼调控

一般认为，土壤缺硼的临界含量为 0.5 mg/kg，水溶性硼低于 0.5 mg/kg 时，属于缺硼；低于 0.25 mg/kg 时，属于严重缺硼。针对土壤缺硼的情况，一般通过施用硼肥进行调控。在硼含量较高的地区，可以采取适当施用石灰的方法防止硼的毒害。硼肥在棉花、苹果、花生、蔬菜等作物上已经得到大面积的推广应用。硼肥对于防止苹果、梨、桃等果树的落花落果和花而不实，效果显著，还能增加产量，改善果品品质。

（一）针对土壤和作物情况施用硼肥

土壤缺硼时，施硼肥能明显增产。不同土壤和作物，临界指标也有所差别。一般来说，双子叶植物的需硼量比单子叶植物高，多年生植物需硼量比一年生植物高，谷类作物一般需硼量较少。甜菜是硼敏感性最强的作物之一；各种十字花科作物，如萝卜、油菜、甘蓝、花椰菜等需硼量高，对缺硼敏感；果树中的苹果对缺硼也特别敏感。硼肥的施用要因土壤、因作物而异，根据土壤硼含量和作物种类确定是否施用硼肥以及施用量。

（二）因硼肥种类选择适宜的施肥方式

硼酸易溶于水，硼沙易溶于热水，而硼泥则部分溶于水。因此，硼酸适宜根外追肥；硼沙可以作为根外追肥，也可以作为基肥；硼泥适宜作基肥。

（三）因土壤酸碱性施用硼肥

硼在石灰性土壤或碱性土壤上有效性较低，在酸性土壤中有效性较高，但易淋失。因此，为了提高肥料的有效性，在石灰性土壤或碱性土壤上，硼肥适宜作为根外追肥进行沾根、喷施（不适宜拌种）；而酸性土壤上，则可以作为基肥直接施入土壤中，同时注意尽量避免淋溶损失。

（四）控制用量，均匀施用

总体来说，作物对硼的需求总量还是相对较少的；硼的供应过多，可能会对作物产生毒害，因此在硼肥的施用上，要严格控制用量，避免过量。由于硼肥用量较少，作为基肥施用时，要力求达到均匀施用，可与氮肥和磷肥混合施用，也可单独施用；单独施用时必须均匀，最好与干土混匀后施入土壤。

由于硼肥对作物的适宜量和过量之间的差异较小，因此对硼肥的用量和施用技术应特别注意，以免施用过量造成中毒。在缓冲性较小的沙质土壤上，用量宜适当减小。如果引起作物毒害，可适当施用石灰以减轻毒害。

（五）合理使用不同硼含量等级的灌溉水

灌溉水的硼含量，会影响土壤的硼含量，也会影响作物的生长发育。因此对于不同的作物，在灌溉时要考虑灌溉水中的硼含量对作物生长发育的影响。

第六章

其他指标

第一节　土壤 pH 值

土壤酸碱性是土壤的重要性质，是土壤一系列化学性状，特别是盐基状况的综合反映，对土壤微生物的活性、元素的溶解性及其存在形态等均具有显著影响，制约着土壤矿质元素的释放、固定、迁移及其有效性等，对土壤肥力、植物吸收养分及其生长发育均具有显著影响。

一、土壤 pH 分布情况

（一）土壤 pH 值的空间分布

博州不同县市耕地土壤 pH 值统计分析见表 6-1。在各县市中，以温泉县的土壤 pH 值平均值最高为 7.93，精河县的土壤 pH 值平均值最低为 7.81。从 pH 值分级情况来看，博州不同县市耕地土壤 pH 值平均值处于微碱性水平（7.5~8.5）。

从土壤 pH 值空间差异性来看，各县市变异系数均小于 10%，属于弱变异性，这说明博州不同县市耕地土壤 pH 值空间差异均不显著。其中温泉县土壤 pH 值变异系数最小，为 2.04%，博乐市土壤 pH 值变异系数最大，为 2.25%。

表 6-1　博州各县市土壤 pH 值及其空间差异

县市	样点数（个）	平均值	标准差	变异系数（%）
博乐市	105	7.87	0.18	2.25
精河县	95	7.81	0.17	2.17
温泉县	59	7.93	0.16	2.04
总计	259	7.86	0.18	2.24

（二）不同土壤类型土壤 pH 值分布

如表 6-2 所示，博州不同土壤类型 pH 值平均值大小顺序为：林灌草甸土>棕钙土>沼泽土>灰棕漠土>灰漠土>灌漠土>潮土>风沙土>草甸土>盐土。

不同土壤类型 pH 值变异系数大小顺序为：林灌草甸土>草甸土>潮土>棕钙土>灰棕漠土>灰漠土>灌漠土>沼泽土>风沙土>盐土，不同土壤类型 pH 值空间变异性均不明显，其中林灌草甸土、草甸土、潮土和棕钙土大于博州 pH 值变异系数（2.24%）。

表 6-2 博州耕地不同土壤类型 pH 值 (hm²)

土壤类型	样点数（个）	平均值	标准差	变异系数（%）
草甸土	32	7.79	0.20	2.57
潮土	52	7.84	0.19	2.41
风沙土	2	7.81	0.05	0.63
灌漠土	36	7.85	0.14	1.82
灰漠土	48	7.87	0.16	2.05
灰棕漠土	26	7.87	0.17	2.21
林灌草甸土	2	7.93	0.34	4.28
盐土	2	7.67	0.03	0.37
沼泽土	13	7.91	0.12	1.57
棕钙土	46	7.91	0.18	2.32

二、土壤 pH 值分级与变化

（一）不同县市土壤 pH 值分级的空间分布

如表 6-3 所示，博州土壤 pH 值呈中性（6.5~7.5）的耕地面积共 447.71 hm^2，占博州耕地面积的 0.24%，分布在精河县和温泉县。其中，精河县 172.38 hm^2，占该县耕地面积的 0.26%；温泉县 275.33 hm^2，占该县耕地面积的 0.68%。

博州土壤 pH 值呈微碱性（7.5~8.5）的耕地面积共 187 237.88 hm^2，占博州耕地面积的 99.76%，在各县市均有分布。其中，博乐市 82 160.97 hm^2，占该市耕地面积的 100%；精河县 65 105.20 hm^2，占该县耕地面积的 99.74%；温泉县 39 971.71 hm^2，占该县耕地面积的 99.32%。

博州没有土壤 pH 值呈碱性（8.5~9.0）的耕地。

表 6-3 博州各县市土壤 pH 值分级面积 (hm²)

县市	中性（6.5~7.5）	微碱性（7.5~8.5）	碱性（8.5~9.0）
博乐市	—	82 160.97	—
精河县	172.38	65 105.20	—
温泉县	275.33	39 971.71	—
总计	447.71	187 237.88	—

（二）不同土壤类型 pH 值分级的空间分布

如表 6-4 所示，博州耕地土壤类型以潮土、棕钙土、灰漠土和草甸土为主。其中，潮土 pH 值分级值以微碱性（7.5~8.5）水平为主，面积 35 104.85 hm^2，占博州潮土面积的 100%。第二大面积分布的土壤类型是棕钙土，其 pH 值分级值以微碱性（7.5~8.5）水平为主，面积 34 778.66 hm^2，占博州棕钙土面积的 99.59%。灰漠土为第三大面积分布的土壤类型，其 pH 值分级值以微碱性（7.5~8.5）水平为主，面积为 33 064.53 hm^2，占博州灰漠土面积的 100%。第四大面积分布的土壤类型是草甸土，其 pH 值分级值以微碱性（7.5~

8.5）水平为主，面积 27 880.08 hm²，占博州草甸土面积的 99.07%。

从 pH 值分级情况来看，pH 值呈中性（6.5~7.5）的耕地土壤类型主要为草甸土和棕钙土，合计面积 407.32 hm²，占中性耕地土壤面积的 90.98%。pH 值呈微碱性（7.5~8.5）耕地土壤类型主要为潮土、棕钙土、灰漠土和草甸土等，面积为 130 828.12 hm²，占微碱性耕地土壤面积的 69.87%。

表 6-4　博州耕地各土壤类型 pH 值分级面积　（hm²）

土壤类型	中性（6.5~7.5）	微碱性（7.5~8.5）	碱性（8.5~9.0）
草甸土	263.04	27 880.08	—
潮土	0.21	35 104.85	—
风沙土	—	2 416.00	—
灌漠土	—	16 399.27	—
灰漠土	—	33 064.53	—
灰棕漠土	40.18	16 265.10	—
林灌草甸土	—	875.25	—
漠境盐土	—	544.78	—
盐土	—	6 456.18	—
沼泽土	—	13 453.18	—
棕钙土	144.28	34 778.66	—

三、土壤 pH 值与土壤有机质及耕地质量等级

（一）土壤 pH 值与土壤有机质

如表 6-5 所示，博州耕地土壤有机质含量大于 25 g/kg 的土壤 pH 值分级面积为 29 378.13 hm²，占博州耕地面积的 15.65%，其中 pH 值呈微碱性（7.5~8.5）面积较大，为 29 353.49 hm²，占此土壤有机质含量等级土壤面积的 99.92%；土壤有机质含量为 20~25 g/kg 的耕地面积为 70 847.42 hm²，占博州耕地面积的 37.75%，其中 pH 值呈微碱性（7.5~8.5）面积较大，为 70 739.86 hm²，占此土壤有机质含量等级土壤面积的 99.85%；土壤有机质含量为 15~20 g/kg 的耕地面积为 76 618.07 hm²，占博州耕地面积的 40.82%，其中 pH 值呈微碱性（7.5-8.5）面积较大，为 76 342.74 hm²，占此土壤有机质含量等级土壤面积的 99.64%；土壤有机质含量为 10~15 g/kg 的耕地面积为 7 893.95 hm²，占博州耕地面积的 4.21%，pH 值全部呈微碱性（7.5~8.5）；土壤有机质含量≤10.0g/kg 的耕地面积为 2 948.03 hm²，占博州耕地面积的 1.57%，其中 pH 值呈微碱性（7.5~8.5）面积较大为 2 907.84 hm²，占此土壤有机质含量等级土壤面积的 98.64%。

表 6-5　博州耕地各有机质含量等级下 pH 值分级面积　（hm²）

土壤有机质含量等级（g/kg）	中性（6.5~7.5）	微碱性（7.5~8.5）	碱性（8.5~9.0）
>25.0	24.64	29 353.49	—
20.0~25.0	107.56	70 739.86	—

（续表）

土壤有机质含量等级（g/kg）	中性（6.5~7.5）	微碱性（7.5~8.5）	碱性（8.5~9.0）
15.0~20.0	275.33	76 342.74	—
10.0~15.0	—	7 893.95	—
≤10.0	40.18	2 907.84	—

（二）土壤 pH 值与耕地质量等级

如表 6-6 所示，博州高产（一等、二等、三等地为高产耕地，下文同）耕地面积 48 484.58 hm^2，占博州耕地面积的 25.83%，其 pH 值分级值以微碱性（7.5~8.5）水平为主，合计面积 48 335.11 hm^2，占博州高产耕地面积的 99.69%。博州中产（四等、五等、六等地为中产耕地，下文同）耕地面积 80 419.50 hm^2，占博州耕地面积的 42.85%，其 pH 值分级值以微碱性（7.5~8.5）水平为主，面积 80 161.59 hm^2，占博州中产耕地面积的 99.68%。博州低产（七等、八等、九等、十等地为低产耕地，下文同）耕地面积 58 781.51 hm^2，占博州耕地面积的 31.32%，其 pH 值分级值以微碱性（7.5~8.5）水平为主，面积 58 741.18 hm^2，占博州低产耕地面积的 99.93%。

从 10 个等级的耕地 pH 值分级值面积分布情况来看，博州一等耕地 pH 值分级值以微碱性（7.5~8.5）水平为主，面积为 9 325.40 hm^2，占博州一等耕地面积的 99.98%，pH 值分级值呈中性（6.5~7.5）的一等耕地占博州一等耕地面积比例为 0.02%；博州二等耕地 pH 值分级值都是微碱性（7.5~8.5），面积为 19 119.13 hm^2，占博州二等耕地面积的 100%；博州三等耕地 pH 值分级值以微碱性（7.5~8.5）水平为主，面积为 19 890.58 hm^2，占博州三等耕地面积的 99.27%，pH 值分级值呈中性（6.5~7.5）的三等耕地占博州三等耕地面积比例为 0.73%；博州四等耕地 pH 值分级值以微碱性（7.5~8.5）水平为主，面积为 28 484.80 hm^2，占博州四等耕地面积的 99.56%，pH 值分级值呈中性（6.5~7.5）的四等耕地占博州四等耕地面积比例为 0.44%；博州五等耕地 pH 值分级值以微碱性（7.5~8.5）水平为主，面积为 38 228.51 hm^2，占博州五等耕地面积的 99.75%，pH 值分级值呈中性（6.5~7.5）的五等耕地占博州五等耕地面积比例为 0.25%；博州六等耕地 pH 值分级值以微碱性（7.5~8.5）水平为主，面积为 13 448.28 hm^2，占博州六等耕地面积的 99.72%，pH 值分级值呈中性（6.5~7.5）的六等耕地占博州六等耕地面积比例为 0.28%；博州七等耕地 pH 值分级值以微碱性（7.5~8.5）水平为主，面积为 28 728.97 hm^2，约占博州七等耕地面积的 100%；博州八等耕地 pH 值分级值全是微碱性（7.5~8.5），面积为 19 374.54 hm^2，占博州八等耕地面积的 100%；博州九等耕地 pH 值分级值以微碱性（7.5~8.5）水平为主，面积为 6 807.39 hm^2，占博州九等耕地面积的 99.41%，pH 值分级值呈中性（6.5~7.5）的九等耕地占博州九等耕地面积比例为 0.59%；博州十等耕地 pH 值分级值全是微碱性（7.5~8.5），面积为 3 830.28 hm^2，占博州十等耕地面积的 100%。

如表 6-6 所示，博州 pH 值分级值呈中性（6.5~7.5）的耕地集中在三等至六等之间，最大面积是中性三等耕地，面积为 147.24 hm^2，占博州 pH 值分级值呈中性（6.5~7.5）耕地面积的 32.89%。pH 值分级值呈微碱性（7.5~8.5）的耕地集中在二等至八等之间，面积最大的是五等耕地，面积为 38 228.51 hm^2，占博州 pH 值分级值呈微碱性（7.5~8.5）耕地面积的 20.42%。

表 6-6 博州各耕地质量等级 pH 值分级面积 (hm^2)

耕地质量等级	中性 (6.5~7.5)	微碱性 (7.5~8.5)	碱性 (8.5~9.0)
一等地	2.23	9 325.40	—
二等地	—	19 119.13	—
三等地	147.24	19 890.58	—
四等地	125.92	28 484.80	—
五等地	93.94	38 228.51	—
六等地	38.05	13 448.28	—
七等地	0.15	28 728.97	—
八等地	—	19 374.54	—
九等地	40.18	6 807.39	—
十等地	—	3 830.28	—

第二节 灌排能力

灌排能力包括灌溉能力和排涝能力，涉及灌排设施、灌排技术和灌排方式等。新疆是绿洲灌溉农业，降水量少，灌溉保证率与水源条件、灌溉方式有关。排水能力是排除农田多余的地表水和地下水的能力，排水能力是控制地表径流以消除内涝，压盐洗盐治理盐碱，控制地下水以防治土壤次生盐渍化，排水能力在盐碱化区域非常重要，排水能力的强弱直接影响着土壤盐渍化程度。

一、灌排能力分布情况

（一）不同县市灌溉能力

博州灌溉能力充分满足的耕地面积共 17 081.92 hm^2，占博州耕地面积的 9.10%。如表 6-7 所示，博乐市灌溉能力充分满足的耕地面积共计 8 802.47 hm^2，占该市耕地面积的 10.71%；精河县灌溉能力充分满足的耕地面积共计 2 627.50 hm^2，占该县耕地面积的 4.02%；温泉县灌溉能力充分满足的耕地面积共计 5 651.95 hm^2，占该县耕地面积的 14.04%。

博州灌溉能力满足的耕地面积共 109 581.40 hm^2，占博州耕地面积的 58.39%。如表 6-7 所示，博乐市灌溉能力满足的耕地面积共计 43 855.92 hm^2，占该市耕地面积的 53.38%；精河县灌溉能力满足的耕地面积共计 44 138.54 hm^2，占该县耕地面积的 67.62%；温泉县灌溉能力满足的耕地面积共计 21 586.94 hm^2，占该县耕地面积的 53.64%。

博州灌溉能力基本满足的耕地面积共 54 416.91 hm^2，占博州耕地面积的 28.99%。如表 6-7 所示，博乐市灌溉能力基本满足的耕地面积共计 29 041.60 hm^2，占该市耕地面积的 35.35%；精河县灌溉能力基本满足的耕地面积共计 15 502.32 hm^2，占该县耕地面积的 23.75%；温泉县灌溉能力基本满足的耕地面积共计 9 872.99 hm^2，占该县耕地面积的 24.53%。

博州灌溉能力不满足的耕地面积共 6 605.36 hm^2，占博州耕地面积的 3.52%。如表 6-7

所示，博乐市灌溉能力处于不满足的耕地面积共计 460.99 hm^2，占该市耕地面积的 0.56%；精河县灌溉能力处于不满足的耕地面积共计 3 009.21 hm^2，占该县耕地面积的 4.61%；温泉县灌溉能力处于不满足的耕地面积共计 3 135.16 hm^2，占该县耕地面积的 7.79%。

（二）不同县市排水能力

博州排水能力充分满足的耕地面积共 17 641.44 hm^2，占博州耕地面积的 9.40%。如表 6-7 所示，博乐市排水能力充分满足的耕地面积共计 9 365.94 hm^2，占该市耕地面积的 11.40%；精河县排水能力充分满足的耕地面积共计 2 627.50 hm^2，占该县耕地面积的 4.03%；温泉县排水能力充分满足的耕地面积共计 5 648.00 hm^2，占该县耕地面积的 14.03%。

博州排水能力满足的耕地面积共 108 967.05 hm^2，占博州耕地面积的 58.06%。如表 6-7 所示，博乐市排水能力满足的耕地面积共计 44 303.44 hm^2，占该市耕地面积的 53.92%；精河县排水能力满足的耕地面积共计 43 005.36 hm^2，占该县耕地面积的 65.88%；温泉县排水能力满足的耕地面积共计 21 658.25 hm^2，占该县耕地面积的 53.81%。

博州排水能力基本满足的耕地面积共 57 462.57 hm^2，占博州耕地面积的 30.62%。如表 6-7 所示，博乐市排水能力基本满足的耕地面积共计 28 030.60 hm^2，占该市耕地面积的 34.12%；精河县排水能力基本满足的耕地面积共计 16 635.51 hm^2，占该县耕地面积的 25.48%；温泉县排水能力基本满足的耕地面积共计 12 796.46 hm^2，占该县耕地面积的 31.80%。

博州排水能力不满足的耕地面积共 3 614.53 hm^2，占博州耕地面积的 1.92%。如表 6-7 所示，博乐市排水能力不满足的耕地面积共计 460.99 hm^2，占该市耕地面积的 0.56%；精河县排水能力不满足的耕地面积共计 3 009.21 hm^2，占该县耕地面积的 4.61%；温泉县排水能力不满足的耕地面积共计 144.33 hm^2，占该县耕地面积的 0.36%。

表 6-7 博州各县市耕地灌排能力面积分布

（hm^2）

县市	不同灌溉能力				不同排水能力			
	充分满足	满足	基本满足	不满足	充分满足	满足	基本满足	不满足
博乐市	8 802.47	43 855.92	29 041.60	460.99	9 365.94	44 303.44	28 030.60	460.99
精河县	2 627.50	44 138.54	15 502.32	3 009.21	2 627.50	43 005.36	16 635.51	3 009.21
温泉县	5 651.95	21 586.94	9 872.99	3 135.16	5 648.00	21 658.25	12 796.46	144.33
总计	17 081.92	109 581.40	54 416.91	6 605.36	17 641.44	108 967.05	57 462.57	3 614.53

二、耕地主要土壤类型灌排能力

博州灌溉能力处于充分满足的耕地面积最大为灰漠土，面积为 4 778.81 hm^2，占灰漠土面积的 14.45%；其次是灌漠土、潮土、沼泽土、棕钙土，分别占各自土类面积的 19.26%、8.47%、18.03%、5.76%；其他土类灌溉能力处于充分满足的比例较小。灌溉能力处于满足的耕地面积最大为棕钙土，面积为 22 336.44 hm^2，占棕钙土面积的 63.96%；另外还有部分土类灌溉能力处于满足，如草甸土、潮土、风沙土、灌漠土、灰漠土、灰棕漠土、林灌草甸土、漠境盐土、盐土和沼泽土，分别占各自土类面积的 65.98%、56.73%、53.88%、

64.51%、50.19%、67.49%、41.76%、95.16%、39.89%和43.26%。灌溉能力处于基本满足的耕地面积最大为潮土，面积为11 796.12 hm²，占潮土面积的33.60%；另外还有部分土类灌溉能力处于基本满足，如灰漠土、草甸土、灌漠土、灰棕漠土、林灌草甸土、盐土、沼泽土和棕钙土，分别占各自土类面积的35.36%、20.54%、10.58%、29.50%、14.44%、56.09%、37.82%和24.70%。灌溉能力处于不满足的耕地面积最大为草甸土，面积为2 723.13 hm²，占草甸土面积的9.68%；另外还有部分土类灌溉能力处于不满足，如潮土、灌漠土、灰棕漠土、林灌草甸土、盐土、沼泽土和棕钙土，分别占各自土类面积的1.20%、5.65%、0.38%、29.32%、2.29%、0.89%和5.58%。

博州排水能力处于充分满足的耕地面积最大为灰漠土，面积为6 755.59 hm²，占灰漠土面积的20.43%；另外还有部分土类排水能力处于充分满足，如草甸土、潮土、灌漠土、灰棕漠土、林灌草甸土、盐土、沼泽土和棕钙土，分别占各自土类面积的2.81%、8.65%、18.91%、2.63%、14.48%、0.80%、8.47%和6.33%。排水能力处于满足的耕地面积最大为棕钙土，面积为22 469.13 hm²，占棕钙土面积的64.34%；另外还有部分土类排水能力处于满足，如草甸土、潮土、风沙土、灌漠土、灰漠土、灰棕漠土、林灌草甸土、漠境盐土、盐土和沼泽土，分别占各自土类面积的65.24%、56.51%、53.04%、63.78%、50.32%、65.51%、41.76%、95.16%、39.30%和43.25%。排水能力处于基本满足的耕地面积最大为潮土，面积为12 134.06 hm²，占潮土面积的34.57%；另外还有部分土类排水能力处于基本满足，如草甸土、风沙土、灌漠土、灰漠土、灰棕漠土、林灌草甸土、漠境盐土、盐土、沼泽土和棕钙土，分别占各自土类面积的23.55%、46.96%、12.50%、29.25%、31.48%、43.76%、4.84%、57.61%、47.88%和29.03%。排水能力处于不满足的耕地面积最大为草甸土，面积为2 363.46 hm²，占草甸土面积的8.40%；另外还有部分土类排水能力处于不满足，如潮土、灌漠土、灰棕漠土、盐土、沼泽土和棕钙土，分别占各自土类面积的0.27%、4.81%、0.38%、2.29%、0.40%和0.30%。详见表6-8。

表6-8　博州耕地各土壤类型灌排能力面积分布　(hm²)

土壤类型	不同灌溉能力				不同排水能力			
	充分满足	满足	基本满足	不满足	充分满足	满足	基本满足	不满足
草甸土	1 068.37	18 570.51	5 781.11	2 723.13	791.32	18 360.28	6 628.07	2 363.46
潮土	2 974.07	19 914.46	11 796.12	420.40	3 037.59	19 837.82	12 134.06	95.58
风沙土	—	1 301.80	1 114.20	—	—	1 281.43	1 134.58	—
灌漠土	3 256.73	10 579.79	1 735.91	925.84	3 100.6	10 459.31	2 050.96	788.39
灰漠土	4 778.81	16 595.77	11 689.95	—	6 755.59	16 636.23	9 672.71	—
灰棕漠土	429.17	11 004.26	4 810.22	61.63	429.17	10 682.31	5 132.17	61.63
林灌草甸土	126.70	365.53	126.35	256.67	126.69	365.54	383.02	—
漠境盐土	—	518.41	26.37	—	—	518.41	26.37	—
盐土	111.53	2 575.24	3 621.67	147.75	51.50	2 537.40	3 719.54	147.75
沼泽土	2 425.65	5 819.19	5 088.09	120.25	1 138.99	5 819.19	6 441.06	53.93
棕钙土	2 009.89	22 336.44	8 626.92	1 949.69	2 209.99	22 469.13	10 140.03	103.79

三、灌排能力与地形部位

从耕地灌溉能力的满足程度来看，灌溉能力处于充分满足的耕地主要分布在平原中阶，面积 9 565.53 hm^2，占该状态耕地面积的 56.00%；灌溉能力处于满足的耕地主要分布在平原中阶，面积 58 981.42 hm^2，占该状态耕地面积的 53.82%；灌溉能力处于基本满足的耕地主要分布在平原中阶，面积 36 216.47 hm^2，占该状态耕地面积的 66.55%；灌溉能力处于不满足的耕地主要分布在平原中阶，面积 4 515.03 hm^2，占该状态耕地面积的 49.41%。

从地形部位上看，河滩地耕地灌溉能力处于充分满足、满足、基本满足、不满足的耕地面积占该地形部位面积比例分别为 4.43%、16.45%、75.60%、3.52%；平原高阶耕地灌溉能力主要处于基本满足，其灌溉能力处于充分满足、满足、基本满足、不满足的耕地面积占该地形部位面积比例分别为 9.00%、52.37%、35.23%、3.40%；平原中阶耕地灌溉能力主要处于满足和基本满足，其灌溉能力处于充分满足、满足、基本满足、不满足耕地面积占该地形部位面积比例分别为 8.75%、53.98%、33.14%、4.13%；平原低阶耕地灌溉能力主要处于满足和基本满足，其灌溉能力处于充分满足、满足、基本满足、不满足的耕地面积占该地形部位面积比例分别为 2.72%、81.71%、12.70%、2.87%；丘陵中部耕地灌溉能力主要处于基本满足，其灌溉能力处于满足、基本满足、不满足的耕地面积占该地形部位面积比例分别为 13.37%、67.21%、19.42%；丘陵下部耕地灌溉能力主要处于基本满足，其灌溉能力处于充分满足、满足、基本满足的耕地面积占该地形部位面积比例分别为 0.02%、5.15%、94.83%；山地坡上耕地灌溉能力主要处于满足，其灌溉能力处于充分满足、满足、基本满足的耕地面积占该地形部位面积比例分别为 32.05%、67.23%、0.72%；山地坡中耕地灌溉能力处于满足、基本满足的耕地面积占该地形部位面积比例分别为 99.86%、0.14%；山地坡下耕地灌溉能力主要处于基本满足，其灌溉能力处于充分满足、满足、基本满足、不满足的耕地面积占该地形部位面积比例分别为 16.79%、19.56%、63.29%、0.36%；沙漠边缘耕地灌溉能力主要处于满足，其灌溉能力处于充分满足、满足、基本满足的耕地面积占该地形部位面积比例分别为 0.05%、12.05%、87.90%。

从耕地排水能力的满足程度来看，排水能力处于充分满足的耕地主要分布在平原中阶，面积 8 717.19 hm^2，占该状态耕地面积的 49.41%；排水能力处于满足的耕地主要分布在平原中阶，面积 58 431.99 hm^2，占该状态耕地面积的 53.62%；排水能力处于基本满足的耕地主要分布在平原中阶，面积 39 830.04 hm^2，占该状态耕地面积的 69.31%；排水能力处于不满足的耕地主要分布在平原中阶，面积 2 299.23 hm^2，占该状态耕地面积的 63.61%。

从地形部位上看，河滩地耕地排水能力处于充分满足、满足、基本满足、不满足的耕地面积占该地形部位面积比例分别为 4.43%、16.45%、75.60%、3.52%；平原高阶耕地排水能力主要处于基本满足，其排水能力处于充分满足、满足、基本满足、不满足的耕地面积占该地形部位面积比例分别为 11.89%、50.86%、35.10%、2.15%；平原中阶耕地排水能力主要处于满足和基本满足，其排水能力处于充分满足、满足、基本满足、不满足的耕地面积占该地形部位面积比例分别为 7.98%、53.47%、36.45%、2.10%；平原低阶耕地排水能力主要处于满足和基本满足，其排水能力处于充分满足、满足、基本满足、不满足的耕地面积占该地形部位面积比例分别为 4.13%、83.01%、10.96%、1.90%；丘陵中部耕地排水能力主要处于基本满足，其排水能力处于满足、基本满足的耕地面积占该地形部位面积比例分别为13.37%、86.63%；丘陵下部耕地排水能力主要处于基本满足，其排水能力处于满足、基本满足的耕地面积占该地形部位面积比例分别为5.15%、94.85%；山地坡上耕地排水能力主要处于满足，其排水能力处于充分满足、满足、基本满足的耕地面积占该地形部位面积比例分别为32.05%、67.78%、0.17%；山地坡中耕地排水能力处于满足、基本满足的耕地面积占该地形部位面积比例分别为99.86%、0.14%；山地坡下耕地排水能力主要处于基本满足，其排水能力处于充分满足、满足、基本满足的耕地面积占该地形部位面积比例分别为16.79%、19.55%、63.66%；沙漠边缘耕地排水能力主要处于基本满足，其排水能力处于充分满足、满足、基本满足的耕地面积占该地形部位面积比例分别为0.05%、12.05%、87.90%。

表6-9 博州耕地各地形部位灌排能力面积分布 (hm^2)

地形部位	不同灌溉能力				不同排水能力			
	充分满足	满足	基本满足	不满足	充分满足	满足	基本满足	不满足
河滩地	16.89	62.63	287.93	13.40	16.89	62.63	287.93	13.40
平原高阶	3 083.43	17 933.19	12 064.77	1 165.24	4 071.59	17 418.69	12 021.84	734.50
平原中阶	9 565.53	58 981.42	36 216.47	4 515.03	8 717.19	58 431.99	39 830.04	2 299.23
平原低阶	813.96	24 393.09	3 790.49	856.33	1 233.71	24 781.69	3 271.07	567.40
丘陵中部	—	37.58	188.93	54.59	—	37.58	243.52	—
丘陵下部	0.05	17.05	313.80	—	—	17.05	313.85	—
山地坡上	3 565.76	7 480.45	79.99	—	3 565.76	7 541.43	19.01	—
山地坡中	—	450.87	0.62	—	—	450.87	0.62	—
山地坡下	35.53	41.39	133.96	0.77	35.53	41.39	134.74	—
沙漠边缘	0.77	183.73	1 339.95	—	0.77	183.73	1 339.95	—

第三节 有效土层厚度

一、土壤有效土层厚度分布情况

博州平均有效土层厚度为83 cm，最厚处240 cm，最薄处16 cm，数值差异大。

不同县市看，精河县耕地有效土层厚度最厚，平均达100 cm，变动范围16~140 cm；其次是博乐市，有效土层平均厚度81 cm，变动范围20~240 cm；温泉县平均有效土层厚度最小，为63 cm（图6-1）。

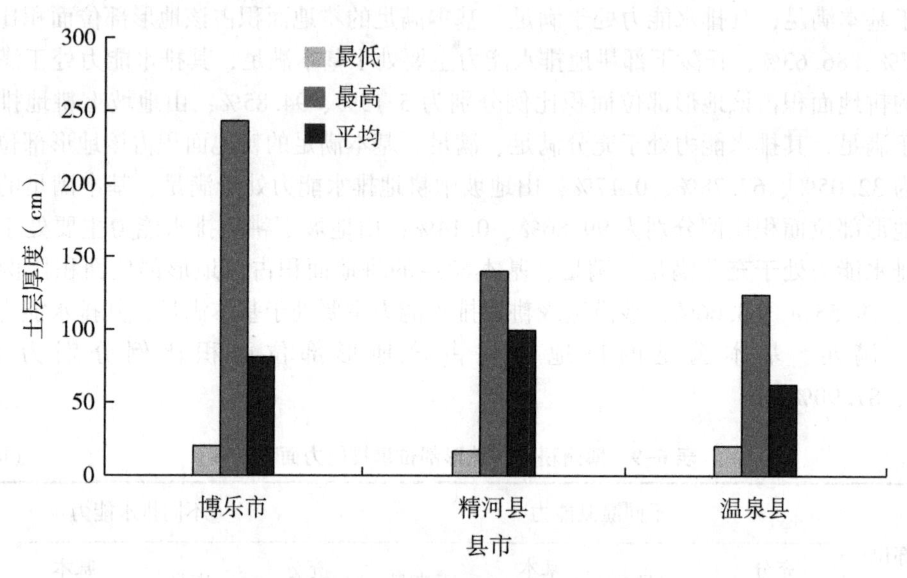

图 6-1 博州各县市耕地有效土层厚度

二、土壤有效土层厚度分级

如表 6-10 所示，博州有效土层厚度大于 100 cm 的耕地面积共 81 741.74 hm^2，占博州耕地面积的 43.55%，在各县市均有分布。其中，博乐市 33 467.24 hm^2，占该市耕地面积的 40.73%；精河县 45 471.61 hm^2，占该县耕地面积的 69.66%；温泉县 2 802.89 hm^2，占该县耕地面积的 6.96%。

博州有效土层厚度在 60～100 cm 的耕地面积共 43 352.26 hm^2，占博州耕地面积的 23.10%。其中，博乐市 13 403.69 hm^2，占该市耕地面积的 16.32%；精河县 15 897.23 hm^2，占该县耕地面积的 24.35%；温泉县 14 051.34 hm^2，占该县耕地面积的 34.91%。

博州有效土层厚度在 30～60 cm 的耕地面积共 41 633.44 hm^2，占博州耕地面积的 22.18%。其中，博乐市 17 979.72 hm^2，占该市耕地面积的 21.88%；精河县 2 863.23 hm^2，占该县耕地面积的 4.39%；温泉县 20 790.49 hm^2，占该县耕地面积的 51.66%。

博州有效土层厚度在小于 30 cm 的耕地面积共 20 958.15 hm^2，占博州耕地面积的 11.17%。其中，博乐市 17 310.32 hm^2，占该市耕地面积的 21.07%；精河县 1 045.51 hm^2，占该县耕地面积的 1.60%；温泉县 2 602.32 hm^2，占该县耕地面积的 6.47%。

表 6-10 博州各县市土壤有效土层厚度分级面积分布 （hm^2）

县市	>100 cm	60～100 cm	30～60 cm	<30 cm
博乐市	33 467.24	13 403.69	17 979.72	17 310.32
精河县	45 471.61	15 897.23	2 863.23	1 045.51
温泉县	2 802.89	14 051.34	20 790.49	2 602.32
总计	81 741.74	43 352.26	41 633.44	20 958.15

三、耕地主要土壤类型有效土层厚度

如表 6-11 所示，博州有效土层厚度大于 100 cm 的耕地土壤类型主要有草甸土、潮土和沼泽土，面积 5 3851.08 hm^2，占博州在该厚度耕地面积的 65.88%；博州有效土层厚度在 60~100 cm 的耕地土壤类型主要有灰棕漠土、棕钙土和灌漠土，面积 27 665.38 hm^2，占博州在该厚度耕地面积的 63.82%；博州有效土层厚度在 30~60 cm 的耕地土壤类型主要为潮土、灰漠土、棕钙土，面积 31 993.10 hm^2，占博州在该厚度耕地面积的 76.84%；博州有效土层厚度小于 30 cm 的耕地土壤类型主要为灰漠土和棕钙土，面积 15 826.23 hm^2，占博州在该厚度耕地面积的 75.51%。

表 6-11　博州耕地各土壤类型有效土层厚度面积分布　(hm^2)

土壤类型	>100 cm	60~100 cm	30~60 cm	<30 cm
草甸土	22 011.51	3 021.33	1 632.77	1 477.51
潮土	22 524.01	3 873.04	7 606.52	1 101.49
风沙土	2 323.59	92.41	—	—
灌漠土	5 608.73	5 247.01	4 290.96	1 252.56
灰漠土	5 999.35	4 663.24	8 522.43	13 879.51
灰棕漠土	701.26	12 628.91	2 499.25	475.86
林灌草甸土	24.03	310.61	540.61	—
漠境盐土	544.78	—	—	—
盐土	5 366.31	688.75	289.16	111.97
沼泽土	9 315.55	3 037.51	387.59	712.52
棕钙土	7 322.62	9 789.45	15 864.15	1 946.73
总计	81 741.74	43 352.26	41 633.44	20 958.15

四、有效土层厚度与地形部位

从土壤有效土层厚度分级来看，有效土层厚度大于 100 cm 的耕地主要分布在平原中阶、平原高阶和平原低阶，面积 79 877.82 hm^2，占该厚度耕地面积的 97.72%；有效土层厚度在 60~100 cm 的耕地主要分布在平原中阶、平原高阶、平原低阶和山地坡上，面积 42 759.61 hm^2，占该厚度耕地面积的 98.63%；有效土层厚度在 30~60 cm 的耕地主要分布在平原中阶、平原高阶、平原低阶和山地坡上，面积 39 904.51 hm^2，占该厚度耕地面积的 95.85%；有效土层厚度小于 30 cm 的耕地主要分布在平原中阶、平原低阶和平原高阶，合计面积 20 702.35 hm^2，占该厚度耕地面积的 98.78%。

从地形部位上看，河滩地有效土层厚度主要为大于 30 cm，其有效土层厚度在大于 100 cm、60~100 cm 和 30~60 cm 的耕地面积占该地形部位面积比例分别为 29.67%、29.99%和 36.21%；平原高阶有效土层厚度主要为大于 60 cm，其大于 100 cm、60~100 cm、30~60 cm 和小于 30 cm 有效土层厚度的耕地面积占该地形部位面积比例分别为 45.57%、28.36%、17.87%、8.20%；平原中阶有效土层厚度主要为大于 100 cm，其大于 100 cm、60~100 cm、

30~60 cm 和小于 30 cm 有效土层厚度的耕地面积占该地形部位面积比例分别为 48.04%、19.40%、20.26%、12.30%；平原低阶有效土层厚度主要为大于 30 cm，其大于 100 cm、60~100 cm、30~60 cm 和小于 30 cm 有效土层厚度的耕地面积占该地形部位面积比例分别为 39.44%、21.49%、24.15%、14.92%；丘陵中部有效土层厚度主要为 30~60 cm，占该地形部位面积比例为 80.71%；丘陵下部有效土层厚度为 100 cm 和 60~100 cm，其有效土层厚度在各耕地面积占该地形部位面积比例分别为 60.86%、20.27%；山地坡上有效土层厚度为 60~100 cm、30~60 cm，占该地形部位面积比例分别为 48.83%和 39.83%；山地坡中有效土层厚度为 30~60 cm，占该地形部位面积比例为 91.59%；山地坡下有效土层厚度为 30~60 cm、小于 30 cm，占该地形部位面积比例分别为 73.18%、25.96%；沙漠边缘有效土层厚度主要为大于 30 cm，其有效土层厚度为大于 100 cm、60~100 cm、30~60 cm、小于 30 cm 的耕地面积占该地形部位面积比例分别为 21.95%、25.25%、48.10%、4.70%（表 6-12）。

表 6-12 博州耕地各地形部位有效土层厚度面积分布 （hm^2）

地形部位	>100 cm	60~100 cm	30~60 cm	<30 cm
河滩地	113.01	114.20	137.89	15.75
平原高阶	15 607.30	9 710.89	6 119.57	2 808.86
平原中阶	52 497.43	21 199.93	22 141.06	13 440.03
平原低阶	11 773.09	6 415.38	7 211.95	4 453.45
丘陵中部	51.16	3.08	226.86	—
丘陵下部	201.37	67.07	62.46	—
山地坡上	1 147.97	5 433.42	4 431.93	112.87
山地坡中	15.76	21.59	413.52	0.62
山地坡下	—	1.81	154.90	54.95
沙漠边缘	334.65	384.89	733.30	71.62

第四节 剖面土体构型

一、剖面土体构型分布情况

博州薄层型耕地面积共 42 675.85 hm^2，占博州耕地面积的 22.74%。如表 6-13 所示，博乐市薄层型耕地面积共计 20 513.38 hm^2，占该市耕地面积的 24.97%；精河县薄层型耕地面积共计 18 228.60 hm^2，占该县耕地面积的 27.93%；温泉县薄层型耕地面积共计 3 933.87 hm^2，占该县耕地面积的 9.77%。

博州海绵型耕地面积共 65 056.85 hm^2，占博州耕地面积的 34.66%。如表 6-13 所示，博乐市海绵型耕地面积共计 244 31.58 hm^2，占该市耕地面积的 29.74%；精河县海绵型耕地面积共计 26 623.36 hm^2，占该县耕地面积的 40.79%；温泉县海绵型耕地面积共计 14 001.91 hm^2，占该县耕地面积的 34.79%。

博州夹层型耕地面积共 27 403.78 hm^2，占博州耕地面积的 14.60%。如表 6-13 所示，博乐市夹层型耕地面积共计 17 807.35 hm^2，占该市耕地面积的 21.67%；精河县夹层型耕地面积共计 5 419.49 hm^2，占该县耕地面积的 8.30%；温泉县夹层型耕地面积共计 4 176.94 hm^2，占该县耕地面积的 10.38%。

博州紧实型耕地面积共 30 685.92 hm^2，占博州耕地面积的 16.35%。如表 6-13 所示，博乐市紧实型耕地面积共计 5 942.58 hm^2，占该市耕地面积的 7.23%；精河县紧实型耕地面积共计 7 266.88 hm^2，占该县耕地面积的 11.13%；温泉县紧实型耕地面积共计 17 476.46 hm^2，占该县耕地面积的 43.42%。

博州上紧下松型耕地面积共 16 404.42 hm^2，占博州耕地面积的 8.74%。如表 6-13 所示，博乐市上紧下松型耕地面积共计 12 561.98 hm^2，占该市耕地面积的 15.29%；精河县上紧下松型耕地面积共计 3 184.58 hm^2，占该县耕地面积的 4.88%；温泉县上紧下松型耕地面积共计 657.86 hm^2，占该县耕地面积的 1.64%。

博州上松下紧型耕地面积共 2 035.78 hm^2，占博州耕地面积的 1.09%。如表 6-13 所示，博乐市上松下紧型耕地面积共计 904.09 hm^2，占该市耕地面积的 1.10%；精河县上松下紧耕型地面积共计 1 131.69 hm^2，占该县耕地面积的 1.73%；温泉县无上松下紧型耕地分布。

博州松散型耕地面积共 3 422.99 hm^2，占博州耕地面积的 1.82%，全部分布在精河县。

表 6-13 博州各县市耕地剖面土体构型面积分布 (hm^2)

县市	薄层型	海绵型	夹层型	紧实型	上紧下松型	上松下紧型	松散型
博乐市	20 513.38	24 431.58	17 807.35	5 942.58	12 561.98	904.09	—
精河县	18 228.60	26 623.36	5 419.49	7 266.88	3 184.58	1 131.69	3 422.99
温泉县	3 933.87	14 001.91	4 176.94	17 476.46	657.86	—	—
总计	42 675.85	65 056.85	27 403.78	30 685.92	16 404.42	2 035.78	3 422.99

二、耕地主要土壤类型剖面土体构型

博州剖面土体构型为薄层型面积最大的土类为灰漠土，面积为 16 226.39 hm^2，占薄层型面积的 38.02%；另外还有部分土类剖面土体构型为薄层型，如草甸土、潮土、灌漠土、灰棕漠土、盐土、沼泽土和棕钙土，分别占薄层型面积的 13.76%、7.21%、3.84%、20.49%、0.12%、2.63%和 13.93%（表 6-14）。

表 6-14 博州耕地各土壤类型剖面土体构型面积分布 (hm^2)

土壤类型	薄层型	海绵型	夹层型	紧实型	上紧下松型	上松下紧型	松散型
草甸土	5 872.06	9 794.81	2 375.14	7 748.35	1 997.12	355.25	0.40
潮土	3 078.66	16 512.49	7 958.72	2 303.59	5 251.60	—	—
风沙土	—	—	—	—	—	—	2 416.01
灌漠土	1 638.47	8 932.1	509.47	3 939.73	1 379.5	—	—
灰漠土	16 226.39	5 013.23	5 295.18	277.20	6 252.53	—	—
灰棕漠土	8 742.42	4 268.03	502.90	1 326.02	459.32	—	1 006.58
林灌草甸土	—	340.54	202.31	332.40	—	—	—
漠境盐土	—	—	544.78	—	—	—	—

（续表）

土壤类型	薄层型	海绵型	夹层型	紧实型	上紧下松型	上松下紧型	松散型
盐土	52.29	2 430.69	2 082.31	1 224.65	117.40	548.84	—
沼泽土	1 120.19	6 984.26	3 700.74	1 387.54	260.44	—	—
棕钙土	5 945.37	10 780.70	4 232.23	12 146.44	686.51	1 131.69	—

博州剖面土体构型为海绵型的面积最大土类为潮土，面积为 16 512.49 hm^2，占海绵型面积的 25.38%；另外还有部分剖面土体构型为海绵型，如草甸土、灌漠土、灰漠土、灰棕漠土、林灌草甸土、盐土、沼泽土和棕钙土，分别占海绵型面积的 15.06%、13.73%、7.71%、6.56%、0.52%、3.74%、10.73%和 16.57%。

博州剖面土体构型为夹层型面积最大的土类为潮土，面积为 7 958.72 hm^2，占夹层型面积的 29.04%；另外还有部分土类剖面土体构型为夹层型，如草甸土、灌漠土、灰漠土、灰棕漠土、林灌草甸土、漠境盐土、盐土、沼泽土和棕钙土，分别占夹层型面积的 8.67%、1.86%、19.32%、1.84%、0.74%、1.99%、7.60%、13.50%和 15.44%。

博州剖面土体构型为紧实型面积最大的土类为棕钙土，面积为 12 146.44 hm^2，占紧实型面积的 39.58%；另外还有部分土类剖面土体构型为紧实型，如草甸土、潮土、灌漠土、灰漠土、灰棕漠土、林灌草甸土、盐土和沼泽土，分别占紧实型面积的 25.25%、7.51%、12.84%、0.91%、4.32%、1.08%、3.99%和 4.52%。

博州剖面土体构型为上紧下松型面积最大的土类为灰漠土，面积为 6 252.53 hm^2，占上紧下松型面积的 38.11%；另外还有部分土类剖面土体构型为上紧下松型，如草甸土、潮土、灌漠土、灰棕漠土、盐土、沼泽土和棕钙土，分别占上紧下松型面积的 12.17%、32.01%、8.41%、2.80%、0.72%、1.59%和 4.19%。

博州剖面土体构型为上松下紧型面积最大的土类为棕钙土，面积为 1 131.69hm^2，占上松下紧型面积的 55.59%；另外还有部分土类剖面土体构型为上松下紧型，如草甸土和盐土，分别占上松下紧型面积的 17.45%和 26.96%。

博州剖面土体构型为松散型面积最大的土类为风沙土，面积为 2 416.01 hm^2，占松散型面积的 70.58%；另外还有部分土类剖面土体构型为松散型，如草甸土和灰棕漠土等，分别占松散型面积的 0.01%和 29.41%。

第五节　障碍因素

一、障碍因素分类分布

博州土壤障碍因素主要分为 5 类：盐碱型、障碍层次型、沙化型、干旱灌溉型和瘠薄型。

盐碱型共计 58 081.37 hm^2，在精河县分布最广，面积为 31 053.52 hm^2，其次为博乐市，面积为 26 963.90 hm^2，温泉县分布最少，面积为 63.95 hm^2。障碍层次型共计 17 703.88 hm^2，在博乐市分布最广，面积为 7 652.89 hm^2，其次为温泉县，面积为

6 655.62 hm^2，精河县分布最少，面积为 3 395.37 hm^2。干旱灌溉型共计 2 742.27 hm^2，全部分布在温泉县。沙化型共计 101.33 hm^2，全部分布在精河县。瘠薄型共计 13.42 hm^2，全部分布在精河县。盐碱-障碍层次型共计 58 706.78 hm^2，在博乐市分布最广，面积为 38 366.91 hm^2，其次为精河县，面积为 20 339.87 hm^2，温泉县没有分布。沙化-盐碱复合型共计 1 493.69 hm^2，全部分布在精河县。博州其他复合类型障碍因素面积共计 4 223.83 hm^2，无障碍因素面积为 44 619.02 hm^2。详见表 6-15。

表 6-15 博州各县市耕地障碍因素面积分布 （hm^2）

县市	盐碱型	障碍层次型	干旱灌溉型	沙化型	瘠薄型	盐碱-障碍层次型	沙化-盐碱复合型	其他复合类型	无障碍因素
博乐市	26 963.90	7 652.89	—	—	—	38 366.91	—	277.47	8 899.80
精河县	31 053.52	3 395.37	—	101.33	13.42	20 339.87	1 493.69	3 516.43	5 363.95
温泉县	63.95	6 655.62	2 742.27	—	—	—	—	429.93	30 355.27
总计	58 081.37	17 703.88	2 742.27	101.33	13.42	58 706.78	1 493.69	4 223.83	44 619.02

二、障碍因素调控措施

（一）盐碱型土壤改良措施

盐碱型土壤改良须以“水、盐、肥”为中心，贯彻统一规划、综合治理，因地制宜、远近结合，利用与改良相结合的原则。

1. 统一规划、综合治理

“盐随水来，盐随水去”，控制与调节土壤中的水盐运动，是防治土壤盐渍化的关键。因此，首先要解决好水的问题，必须从一个流域着手，统一规划，合理布局，满足上、中、下游的需要。

盐分对作物的危害包括盐害、物理化学危害、营养供求失调等方面，要解决盐分危害这个主要矛盾，必须采取综合措施。任何单项措施，一般只能解决某一个具体矛盾，不可能同时解决排水、洗盐、培肥诸多矛盾。例如排水（沟排、井排、暗管排、扬排）只能切断盐源，防止和控制地下水位升高；洗盐只能脱盐和压盐；农林措施只能巩固脱盐效果，恢复地力，防止土壤返盐等。实践证明，上述的诸多措施，必须相互配合，综合应用，环环相扣，才能奏效，更能提高改良效果。如精耕细作，增强地面覆盖，可减弱返盐速度，降低临界深度，竖井与明沟相结合，更能发挥排水效果；有完善的灌排系统，才能提高种稻洗盐的效果；增施有机肥料可壮苗抗盐，培育耐盐品种，提高作物保苗率，降低洗盐标准。

2. 因地制宜、远近结合

要因地制宜地制订治理方案，才能收到事半功倍的效果。例如是否需要排水设施，要因地下水位高低而异；条田建设过宽不利于脱盐，易发生盐斑，条田过窄，机耕效率低；排水沟的深度、密度、灌排渠布置方式（并列式或相间式）等都各有其利弊，都要结合当地情况，进行合理规划。对不同程度盐渍化也应区别处理。重盐土地区首先冲洗淋盐，深沟排水，降低地下水位。轻盐土地区可深浅沟相组合，井灌井排，浅、密、通来控制地下水位；平整土地，多施有机肥料，加强淋盐、抑盐。次生盐化地区，可采取井、渠结合，以井代渠，减少地下水的补给，加强农林措施，防止返盐。低洼下潮水盐无出路的地区，可采取扬排与渠排相结合。受盐分威胁的地区，应加强灌溉管理，进行渠道防渗，加强地面覆盖，防止返盐。苏打盐化地区生物措施，配合施石膏进行化学改良。

3. 利用与改良相结合

改良利用盐土要与提高土壤肥力相结合，因为除盐就是为了充分发挥土壤的潜在肥力，但是在洗盐过程中，不可避免地伴随有土壤养分的淋失过程。培肥主要依靠农牧结合，合理种植，牧草田轮作，多种绿肥，精耕细作，相互配合，环环相扣，巩固土壤脱盐效果，防止重新返盐，保证作物丰收。

盐碱地改良是一个较为复杂的综合治理系统工程，包括水利工程措施、农业技术措施、生物措施、化学改良等综合治理方法，要针对实际情况准确合理使用每一项措施来改良治理盐碱地。

（二）沙化型土壤修复措施

土壤沙化的实质就是土壤退化，必须将植物修复技术、微生物修复技术和化学修复技术等有效地结合起来，进行综合治理。正确的诊断是成功修复的基础，合理的修复体系是检验修复效果正确与否的关键。

植物修复技术主要手段是保护性耕作和退耕还林还草。保护性耕作是通过减少对土壤的耕作次数，增加地表秸秆残茬覆盖，来增加土壤有机质含量，改善土壤结构和物理化学性质，提高土壤持水能力，为土壤微生物的生存和繁殖提供有利条件，同时减少风蚀、水蚀，减缓沙尘危害。退耕还林还草对不适于再做农田的耕地加以恢复，培肥地力。退耕还林还草对土壤有机质和氮含量有明显改善，且对不同土层微生物量碳、氮也有着不同的影响。不同层次结构模式和限制因子影响着退耕还林还草成效，在施行此技术时要加以考虑与研究。

化学修复技术主要采用功能性高分子材料及腐殖酸在沙化退化土壤修复中的应用。采用高分子材料制成防止土壤侵蚀、绿化用的被覆层，在不同地理条件下都具有良好的防侵蚀效果，植物生长状况良好，层下土壤化学性质得到一定改善；高吸水性高分子材料可以很好地保存土壤中的水分；PVA（聚乙烯醇）系高吸水树脂，吸水后易向土壤、沙层释放水分，保持土壤湿润。腐殖酸能够把分散的土粒胶结起来，形成水稳性好的团粒结构，从而降低容重，改善土壤结构性能，激活土壤中的微生物和酶。另外，腐殖酸还有对化学肥料增效等作用。

土壤微生物能够促进土壤团粒结构的形成，许多耐旱耐高温的土壤微生物能够生活在沙土表面。微生物对土壤酶的累积贡献较大，而土壤酶活性又促进了有机化合物循环，改良了沙土性质，促进了结皮层的形成。微生物将土壤矿物无效态的钾和磷释放出来供植物生长发育。生物腐殖酸是一种混合物，集腐殖酸和微生物的作用于一身，在沙化退化土壤修复中发挥重要作用。

主要发展方向：以改沙培肥为主，实行粮草轮作，种植防风防沙林。可以小麦套播草木樨或小麦复播大豆，还可以种植苏丹草、苜蓿和燕麦草混播等绿肥饲草作物，粮草轮作，逐步建立起饲草料基地。适当轮作玉米、棉花等作物。普遍实行小麦秸秆还田，增施有机肥料、腐殖酸肥料。营造防风林带，加大植树造林力度，重点加强耕地周边的防风林体系建设，搭配高、中、低不同品种，有利阻挡风沙移动。

（三）障碍层次型土壤改良措施

由于土壤障碍层组成、厚度和出现部位不同，对障碍层次型中低产田的改良方式也要区别对待。

1. 黏隔型农田

采取打破黏隔障碍、改善土壤质地的方式进行改良。40 cm 以上有黏隔层的采用农机进行深翻，将黏隔层与耕作层混合；40 cm 以下有黏隔层的则用大功率农机进行深松。质地较黏重的黏隔型农田在深耕深松的同时，每亩掺 5~10 t 粉沙或沙土。

2. 沙漏型农田

要根据沙漏层的厚度和沙漏层出现的深度来确定改良方式。沙漏层厚度较薄，且出现的深度在 40 cm 以内的农田，采取机械深翻方式，将沙层上翻与上层土壤充分混合，形成新的土体构造。深翻改造后的农田要采取秸秆还田、种植绿肥等措施进行地力培肥。沙漏层出现深度在 40 cm 以下的农田，一般只采取农艺改良方式，而不采取工程方式进行改造，特别是在田间沟渠建设时，要特别注意不要打破沙漏层，否则会出现严重的漏水漏肥现象。农艺改良方式为：深耕，加深耕作层到 20 cm 以上；增施有机肥，包括增施农家肥、秸秆还田和种植绿肥；测土配方施肥，增施磷钾肥和硅钙肥；添加客土，对地势低洼田通过加入客土增加上部土层厚度。

（四）贫瘠型土壤地力培肥措施

要以“改、培、保、控”为重点推进耕地质量建设，通过作物秸秆还田，施用有机肥等措施改善过沙或过黏土壤的不良性质，促进土壤中团粒结构的形成，提高土壤的保蓄性和通透性，抑制毛管水的强烈上升，减少土壤蒸发和地表积盐，促进淋盐和脱盐过程，同时提升土壤肥力。具体措施如下。

1. 广辟肥源，增加肥料投入，保持和培肥地力

土壤肥力属低水平的，应该加紧培肥地力。首先必须稳固持续地增加有机肥投入。增加有机肥投入是提高土壤有机质含量、培肥土壤、改善土壤结构最根本的途径之一。其次，采用间套作复播绿肥、秸秆还田等多种方式提升土壤肥力。

2. 有机、无机相结合是高产优质栽培的保证

农业生产中增加有机肥、提高土壤肥力的同时，还应该合理地投入化学肥料。有机、无机肥料相结合，一直是科学施肥所倡导的施肥原则，可以对种植的作物生长起到缓急相济、互补长短、缓解氮磷钾比例失调等作用。虽然实施难度比较大，但仍要宣传和坚持这一原则。

3. 重视测土配方施肥技术的推广应用

测土配方施肥技术的目的就是解决当前施肥工作中存在的盲目施肥、肥料利用率低、生产效益不高等实际问题。测土配方平衡施肥绝不仅仅是指氮、磷、钾三种大量元素之间的平衡，作物生长所必需的中量元素和微量元素之间都必须有均衡供应，任何一种营养元素的缺乏和过剩，都会限制作物产量及品质的提高。在农业生产中，要充分保证氮肥，合理配施磷肥、钾肥和锌、锰等微量元素，才能保证作物高产高效的需要。

4. 有针对性地施用微量元素肥料

微量元素肥料同大量元素氮磷钾肥料有着同等重要、不可替代的重要性，因此，虽然作物对微量元素需要量少，但如果缺乏，仍会成为作物高产的限制因素。调查区微量元素含量不均衡，在生产中可适量补施，以消除高产障碍因素。

5. 粮豆间作或间套作绿肥

利用豆科作物固氮，同粮食作物间作或套作，并利用残枝落叶和根茬还田可增加土壤有机质和氮素。由于豆科作物耐阴，间套种植效果好。核桃间套种植的肥饲草作物可减少地表裸露和地面蒸腾，改善果林生态环境，提高土壤肥力。

(五) 干旱灌溉型耕地的调节措施

干旱灌溉型耕地是由土壤保水保肥力差、季节性缺水等问题引起的，应大力加强农田基础设施建设，加强渠道防渗、管道输水、滴灌等节水技术应用。培肥地力，形成良好的土壤结构，改善土壤保水性。改进耕作制度，种植耐旱品种；因地制宜实行农林牧相结合的生态产业结构，植树造林，改善农业生态环境，增强抗旱能力。

第六节　农田林网化程度

农田林网具有涵养水源、保持水土、防风固沙、调节气候等功能，是农村生态建设的一项重要组成部分。近年来，由于农村电网、道路、防渗渠的改造建设施工，致使一部分林带消失；一些林带因管护措施跟不上，导致死亡；滥伐以及正常采伐后更新不及时，造成农田防护林面积减少；一些新开发的土地大部分属于边缘乡场、荒漠地带，水土条件差，林网大部分都未配套；林业工作重点放在营造绿洲外围大型基干林和经济林上，对农田防护林建设和管理有所放松等原因，使农田林网化程度趋于下降。一个以农田防护林、大型防风固沙基干林带和天然荒漠林为主体，多林种、多带式、乔灌草、网片带相结合的绿洲综合防护林体系在博州已初步形成。但是，一些地方新开垦的耕地林网配套没有及时跟上，老林带更新改造工作没有全面开展。造成了林网化程度降低，气候、土壤、植被及微生物的修复逐渐变差。因此，建立完善的农田防护林，进而建设高标准农田势在必行。

一、博州农田林网化现状

本次博州耕地质量汇总评价农田林网化程度分为高、中、低 3 类。其中林网化程度为高的面积为 52 451.72 hm^2，占博州耕地面积的 27.95%；林网化程度为中的面积为 55 604.04 hm^2，占博州耕地面积的 29.62%；林网化程度为低的面积为 79 629.83 hm^2，占博州耕地面积的 42.43%（表 6-16）。

表 6-16　博州农田林网化程度统计

县市	农田林网化程度						合计 (hm^2)
	高 (hm^2)	比例 (%)	中 (hm^2)	比例 (%)	低 (hm^2)	比例 (%)	
博乐市	33 538.03	40.82	9 344.15	11.37	39 278.79	47.81	82 160.97
精河县	8 016.44	12.28	33 121.01	50.74	24 140.13	36.98	65 277.58
温泉县	10 897.25	27.08	13 138.88	32.64	16 210.91	40.28	40 247.04
总计	52 451.72	27.95	55 604.04	29.62	79 629.83	42.43	187 685.59

博乐市农田防护林林网化程度为高的面积为 33 538.03 hm^2，占博乐市耕地面积的 40.82%；林网化程度为中的面积为 9 344.15 hm^2，占博乐市耕地面积的 11.37%；林网化程度为低的面积为 39 278.79 hm^2，占博乐市耕地面积的 47.81%。

精河县农田防护林林网化程度为高的面积为 8 016.44 hm^2，占精河县耕地面积的 12.28%；林网化程度为中的面积为 33 121.01 hm^2，占精河县耕地面积的 50.74%；林网化程度为低的面积为 24 140.13 hm^2，占精河县耕地面积的 36.98%。

温泉县农田防护林林网化程度为高的面积为 10 897.25 hm^2，占温泉县耕地面积的 27.95%；林网化程度为中的面积为 13 138.88 hm^2，占温泉县耕地面积的 32.64%；林网化程度为低的面积为 16 210.91 hm^2，占温泉县耕地面积的 40.28%。

二、有关建议

（一）加大对农田林网化的资金扶持力度

地方政府配套资金难以到位，对林业项目的实施造成一定的影响。各级政府应将林业生态建设项目纳入财政预算，确保林业生态建设项目的资金落实到位，保证林业各个项目的顺利实施。

（二）多部门统筹合作做好林网化的规划设计

林业部门要对当地的防护林基本情况做详细调查，并结合农田林网化建设的新要求新特点，进一步完善修订农田防护林建设规划，特别是在实施农田节水灌溉工程时，应综合考虑周边防护林带灌溉用水规划，做到因地制宜，统筹兼顾，运用新技术，采取新措施，建立更高水平的农田生态系统，逐渐形成相对完善的农区内部农田防护林体系和农区周边外围生态防护林体系。在建设农田林网、农林间作形成高标准农田的建设中，应建立以植树造林为主的生态防护林，针对不同的生态区域采用远距离种植乔木、近距离种植灌木的种植方式，采取疏透型结构推进农田林网化，农田林网设计规划本着适地适树，统一安排、因害设防、综合利用的原则，充分发挥林网的作用，做到农林兼顾，协调发展。

（三）做好防护林建设的宣传工作

通过广播、电视等媒介对林业相关的政策、法律法规进行深入广泛的宣传，提高广大人民群众对防护林重要性的认识，使他们认识到没有防护林就没有良好的生活环境，就没有农业的稳产丰收。

（四）加强技术服务工作

在防护林的建设过程中，要严格按照植树造林的相关技术要求进行操作，确保植树造林的质量。林业技术人员要做好技术指导工作，同时做好苗木的检疫工作，防止带疫苗木或不合格苗木入地定植，影响建设质量。技术人员也要督促广大造林户做好后期灌水、除草、病虫害防治等工作，防止重栽轻管的现象发生，确保造林质量。

（五）进一步完善防护林的经营体制

要借集体林权制度改革的机会，加快林权制度改革的步伐，完善林权制度，使集体林业资源的产权、经营权、收益权和处置权进一步明确。对于个人的防护林，在检查验收合格后，要及时发放林权证，放活经营权，提高林农经营的积极性。

（六）加大新建耕地的林网化程度

严格按照《防沙治沙若干规定》中新垦农田防护林带面积不小于耕地面积的 12%。对于以前耕地已经完成林网化的，要加大补植补造和更新的力度，完善防护林体系，提高防护效益。对新开垦的耕地要有林业、土管、农业及水利等部门统一规划，做到开发与造林同步进行，在确保农田林网化工作顺利完成的同时，改善当地生产和生活条件，促进经济的发展。

第七节 土壤盐渍化程度分析

土地盐碱化的原因是土壤和地下水盐分过高，在强烈的地表蒸发情况下，土壤盐分通过毛细管作用上升并集聚于土壤表层，使农作物生长发育受到抑制。其形成的实质是各种易溶性盐类在土壤剖面水平方向与垂直方向的重新分配。土壤盐碱地不仅涉及农业、土地、水资源问题，还涉及典型的生态环境问题。

一、各县之间土壤盐分含量差异

通过对博州 259 个耕层土壤样品盐分含量测定结果分析，博州耕层土壤盐分平均值为 4. 6g/kg。平均含量以精河县含量最高，为 6. 7g/kg，其次为博乐市，为 4. 8g/kg，温泉县含量最低，为 1. 1g/kg。

博州土壤盐分平均变异系数为 113. 04%，最大值出现在精河县，为 94. 03%；最小值出现在温泉县，为 36. 36%。详见表 6-17。

表 6-17 博州耕地土壤盐分含量

县市	点位数（个）	平均值（g/kg）	标准差（g/kg）	变异系数（%）
博乐市	105	4. 8	4. 4	91. 67
精河县	95	6. 7	6. 3	94. 03
温泉县	59	1. 1	0. 4	36. 36
博州	259	4. 6	5. 2	113. 04

二、不同地形部位土壤盐分含量差异

博州不同地形部位土壤盐分含量平均值由高到低顺序为：平原中阶>平原低阶>平原高阶>山地坡上>沙漠边缘>河滩地>山地坡中。平原中阶、平原低阶和平原高阶盐分含量较高，分别为 5. 3g/kg、5. 1g/kg 和 4. 1g/kg，河滩地和山地坡中盐分含量较低，分别为 1. 0g/kg 和 0. 9g/kg。

不同地形部位土壤盐分变异系数最大值出现在平原高阶，为 121. 95%，最小值出现在沙漠边缘，为 9. 09%。详见表 6-18。

表 6-18 博州各地形部位土壤盐分含量

地形部位	点位数（个）	平均值（g/kg）	标准差（g/kg）	变异系数（%）
河滩地	1	1. 0	—	—
平原高阶	43	4. 1	5. 0	121. 95
平原中阶	143	5. 3	5. 7	107. 55
平原低阶	48	5. 1	4. 6	90. 20
山地坡上	21	1. 1	0. 4	36. 36

（续表）

地形部位	点位数（个）	平均值（g/kg）	标准差（g/kg）	变异系数（%）
山地坡中	1	0.9	—	—
沙漠边缘	2	1.1	0.1	9.09

三、土壤盐化类型

从各县市检测得到的数据来看，博州主要盐化类型为氯化物盐-硫酸盐、硫酸盐、硫酸盐-氯化物盐、氯化物盐。详见表 6-19。

表 6-19　博州各县市耕地盐化类型

县市	氯化物盐-硫酸盐	硫酸盐	硫酸盐-氯化物盐	氯化物盐
博乐市	√	√		√
精河县	√	√	√	√
温泉县	√		√	√

博乐市的盐化类型为氯化物盐-硫酸盐、硫酸盐和氯化物盐 3 种；精河县的盐化类型有氯化物盐-硫酸盐、硫酸盐、硫酸盐-氯化物盐和氯化物盐 4 种；温泉县的盐化类型有氯化物盐-硫酸盐、硫酸盐-氯化物盐和氯化物盐 3 种。

四、博州盐渍化分布及面积

博州土壤盐渍化分级统计见表 6-20。博州盐渍化面积共计 121 279.67 hm^2，占博州面积的 64.62%，轻度盐渍化、中度盐渍化、重度盐渍化和盐土的面积分别为 56 539.60 hm^2、47 338.64 hm^2、16 805.65 hm^2 和 595.77 hm^2。

博乐市盐渍化程度主要集中在轻度盐渍化和中度盐渍化，其盐渍化面积共计 65608.29 hm^2，占全市耕地面积的 79.85%。

精河县盐渍化程度主要集中在轻度盐渍化和中度盐渍化，其盐渍化面积共计 55 570.17 hm^2，占全县耕地面积的 85.13%。

温泉县盐渍化程度主要集中在轻度盐渍化，其盐渍化面积共计 101.21 hm^2，占全县耕地面积的 0.25%。

表 6-20　博州土壤盐渍化分级统计

县市	不同盐渍化程度面积（hm^2）					合计（hm^2）	盐渍化面积（hm^2）	盐渍化面积占比（%）
	无	轻度	中度	重度	盐土			
	≤2.5	2.5~6.0	6.0~12.0	12.0~20.0	>20.0			
博乐市	16 552.69	32 246.84	29 059.72	4 286.21	15.51	821 60.97	65 608.28	79.85
精河县	9 707.41	24 191.55	18 278.92	12 519.44	580.26	65 277.58	55 570.17	85.13
温泉县	40 145.83	101.21	—	—	—	40 247.04	101.21	0.25

（续表）

县市	不同盐渍化程度面积（hm^2）					合计（hm^2）	盐渍化面积（hm^2）	盐渍化面积占比（%）
	无	轻度	中度	重度	盐土			
	≤2.5	2.5~6.0	6.0~12.0	12.0~20.0	>20.0			
总计	66 405.93	56 539.60	47 338.64	16 805.65	595.77	187 685.59	121 279.67	64.62

注：盐分单位为 g/kg。

五、盐渍化土壤的改良和利用

土壤盐碱化防治途径不外乎是排除土壤中过多的盐分，调节盐分在土壤剖面中的分布，防止盐分在土壤中的重新累积。目前，治理盐碱地的措施主要有物理、生物、和化学三大技术措施。

物理措施包括水利改良、平整土地、客土改良、压沙改良、种稻改良等。生物措施主要有培肥土壤、增施有机肥、施行秸秆还田和种植耐盐碱植物或绿肥等。化学改良主要是施用石膏（磷石膏、亚硫酸钙等）等改良剂。施用化学改良剂、客土压碱等方法治理盐碱地，投入大，推广困难。农业及耕作措施如培肥土壤、深耕深松、地面覆盖减少土壤水分蒸发等，大面积的推广还存在一定的困难。

（一）水利改良措施

排除土壤中过多盐分最有效的方法仍然是排水、洗盐、压盐。洗盐通常在排水的条件下进行，若排水系统不健全，洗盐不但起不到应有的效果，反而会加重盐碱化程度。压盐是一种无排水条件下的缓解土壤盐分危害的措施，即用大定额的灌溉水将盐分压入深层或压入侧区，这样的治理技术须以大水漫灌为前提，不仅浪费了宝贵的水资源，增加土壤盐分输出量，而且容易抬高地下水位，进一步加重土壤次生盐碱化的隐性危害。实践证明，改良盐渍土是一项复杂、难度大、需时间长的工作，应视具体情况因地制宜，综合治理。

（二）农业生物措施

1. 整地法

削高垫底，平整土地，可以使从降雨和灌溉过程中获得的水分均匀下渗，提高冲洗土壤中盐分的效果，也可以防止土壤斑状盐渍化，减轻盐碱危害。

2. 深耕深翻法

深耕晒垡能够切断土壤毛细管，减弱土壤水分蒸发，提高土壤活性以及肥力，增强土壤的通透性能，从而能够有效地起到控制土壤返盐的作用。盐碱地深耕深翻的时间最好是在返盐较重的春季和秋季，且深翻时间春宜迟，秋宜早，以保作物全苗，秋季耕翻尤其有利于杀死病虫卵和清除杂草。针对中下层土层存在不透水的黏板层的重度盐碱地，可采用深松到1.2 m的机械深松设备，进行80 cm左右条状开沟或“品”字形点状机械深松挖坑破除黏板层，机械深松完成后进行大水灌溉洗盐。

3. 推广耐盐新品种

一般块根作物耐盐能力较差，谷类作物和牧草类较强，水生作物最强。但各类作物都有一定的耐盐极限。广泛引进筛选耐盐抗盐植物物种，筛选、驯化，选择出适合当地气候和不同盐渍化土壤条件、且具有一定经济和生态效益的耐盐物种。棉花、花生、甜菜、高粱、向日葵等都是较耐盐碱作物。耐盐树种：红叶椿、香花槐、白蜡、柳树、柽柳、小枣、枸杞、滨梅、紫叶李、木槿等；野生耐盐植物：骆驼刺、铃铛刺、窄叶野豌豆、白蒿、黄蒿、黑刺、梭梭柴、琵琶柴、粗盐穗木、细盐穗木、胡杨和沙枣等。

4. 增加有机质和合理控制化肥的施用

盐碱地的特点是低温、土贫、结构差。有机肥经过微生物的分解后转化形成的腐殖质，不仅提高了土壤的缓冲能力，还能和碳酸钠发生化学反应形成腐殖酸钠，起到降低土壤碱性的作用。形成的腐殖酸钠还可以促进作物生长，增强作物的抗盐能力。腐殖质通过刺激团粒结构的形成，增加孔度，增强透水性，使盐分淋洗更容易，进而控制土壤返盐。有机质通过分解作用产生的有机酸，不仅可以中和土壤碱性，还可以加速养分的分解，刺激迟效养分的转化，促进磷的有效利用。因此，增加有机肥料施用可以提高土壤肥力，改良盐碱地。此外，化肥的施用增加土壤中氮磷钾含量，促进作物的生长，提高作物的耐盐能力，通过施用化肥改变土壤盐分组成，抑制盐类对植物的不良影响。无机肥可增加作物产量，多出秸秆，扩大有机肥源，以无机促有机。盐碱地施用化肥时要避免施用碱性肥料，选用酸性和中性肥料较好。硫酸钾复合肥是微酸性肥料，适合在盐碱地上施用，且对盐碱地的改良有良好作用。可通过作物秸秆还田、施用有机肥等措施改善过沙或过黏土壤的不良性质，促进土壤中团粒结构的形成，提高土壤的保蓄性和通透性，抑制毛管水的强烈上升，减少土壤蒸发和地表积盐，促进淋盐和脱盐过程，同时提升土壤肥力。

（三）化学改良技术

针对盐碱重、作物出苗困难的区域，可以施用酸性的腐殖酸类改良剂，对钠、氯等有害离子有很强的吸附作用，能代换碱性土壤上的吸附性钠离子，腐殖酸本身具有两性胶体的特性，可以在耕层局部调整土壤的酸碱度，腐殖酸中的黄腐酸是一种植物调节剂，可以提高植物的耐盐能力，通过施用改良剂可以提高作物的出苗。另外，针对碱化土壤，可以施用工业废弃物制作的石膏类的改良剂如脱硫石膏改良剂、磷石膏改良剂等，通过钙、钠离子的置换反应，来降低土壤的碱化度，改善土壤的通透性，进而改善盐碱化程度。